Forschung und Praxis

Band 244

Berichte aus dem
Fraunhofer-Institut für Produktionstechnik
und Automatisierung (IPA), Stuttgart,
Fraunhofer-Institut für Arbeitswirtschaft
und Organisation (IAO), Stuttgart,
Institut für Industrielle Fertigung und
Fabrikbetrieb der Universität Stuttgart und
Institut für Arbeitswissenschaft und
Technologiemanagement, Universität Stuttgart

Herausgeber: H. J. Warnecke und H.-J. Bullinger

Springer-Verlag Berlin Heidelberg GmbH

Wolf-Dietrich Schneider

Flexibel automatisiertes Taumelnieten

Mit 43 Abbildungen

Springer

Dr.-Ing. Wolf-Dietrich Schneider
Fraunhofer-Institut für Produktionstechnik und Automatisierung (IPA), Stuttgart

Prof. Dr.-Ing. Dr. h. c. Dr.-Ing. E. h. H. J. Warnecke
o. Professor an der Universität Stuttgart
Fraunhofer-Institut für Produktionstechnik und Automatisierung (IPA), Stuttgart

Prof. Dr.-Ing. habil. Dr. h. c. H.-J. Bullinger
o. Professor an der Universität Stuttgart
Fraunhofer-Institut für Arbeitswirtschaft und Organisation (IAO), Stuttgart

D 93

ISBN 978-3-540-62654-1 ISBN 978-3-662-07247-9 (eBook)
DOI 10.1007/978-3-662-07247-9

SPIN 10572449 62/3020–5 4 3 2 1 0

Geleitwort der Herausgeber

Über den Erfolg und das Bestehen von Unternehmen in einer marktwirtschaftlichen Ordnung entscheidet letztendlich der Absatzmarkt. Das bedeutet, möglichst frühzeitig absatzmarktorientierte Anforderungen sowie deren Veränderungen zu erkennen und darauf zu reagieren.

Neue Technologien und Werkstoffe ermöglichen neue Produkte und eröffnen neue Märkte. Die neuen Produktions- und Informationstechnologien verwandeln signifikant und nachhaltig unsere industrielle Arbeitswelt. Politische und gesellschaftliche Veränderungen signalisieren und begleiten dabei einen Wertewandel, der auch in unseren Industriebetrieben deutlichen Niederschlag findet.

Die Aufgaben des Produktionsmanagements sind vielfältiger und anspruchsvoller geworden. Die Integration des europäischen Marktes, die Globalisierung vieler Industrien, die zunehmende Innovationsgeschwindigkeit, die Entwicklung zur Freizeitgesellschaft und die übergreifenden ökologischen und sozialen Probleme, zu deren Lösung die Wirtschaft ihren Beitrag leisten muß, erfordern von den Führungskräften erweiterte Perspektiven und Antworten, die über den Fokus traditionellen Produktionsmanagements deutlich hinausgehen.

Neue Formen der Arbeitsorganisation im indirekten und direkten Bereich sind heute schon feste Bestandteile innovativer Unternehmen. Die Entkopplung der Arbeitszeit von der Betriebszeit, integrierte Planungsansätze sowie der Aufbau dezentraler Strukturen sind nur einige der Konzepte, die die aktuellen Entwicklungsrichtungen kennzeichnen. Erfreulich ist der Trend, immer mehr den Menschen in den Mittelpunkt der Arbeitsgestaltung zu stellen - die traditionell eher technokratisch akzentuierten Ansätze weichen einer stärkeren Human- und Organisationsorientierung. Qualifizierungsprogramme, Training und andere Formen der Mitarbeiterentwicklung gewinnen als Differenzierungsmerkmal und als Zukunftsinvestition in *Human Recources* an strategischer Bedeutung.

Von wissenschaftlicher Seite muß dieses Bemühen durch die Entwicklung von Methoden und Vorgehensweisen zur systematischen Analyse und Verbesserung des Systems Produktionsbetrieb einschließlich der erforderlichen Dienstleistungsfunktionen unterstützt werden. Die Ingenieure sind hier gefordert, in enger Zusammenarbeit mit anderen Disziplinen, z.B. der Informatik, der Wirtschaftswissenschaften und der Arbeitswissenschaft, Lösungen zu erarbeiten, die den veränderten Randbedingungen Rechnung tragen.

Die von den Herausgebern geleiteten Institute, das

- Institut für Industrielle Fertigung und Fabrikbetrieb der Universität Stuttgart (IFF),

- Institut für Arbeitswissenschaft und Technologiemanagement (IAT)

- Fraunhofer-Institut für Produktionstechnik und Automatisierung (IPA),

- Fraunhofer-Institut für Arbeitswirtschaft und Organisation (IAO)

arbeiten in grundlegender und angewandter Forschung intensiv an den oben aufgezeigten Entwicklungen mit. Die Ausstattung der Labors und die Qualifikation der Mitarbeiter haben bereits in der Vergangenheit zu Forschungsergebnissen geführt, die für die Praxis von großem Wert waren. Zur Umsetzung gewonnener Erkenntnisse wird die Schriftenreihe "IPA-IAO - Forschung und Praxis" herausgegeben. Der vorliegende Band setzt diese Reihe fort. Eine Übersicht über bisher erschienene Titel wird am Schluß dieses Buches gegeben.

Dem Verfasser sei für die geleistete Arbeit gedankt, dem Springer-Verlag für die Aufnahme dieser Schriftenreihe in seine Angebotspalette und der Druckerei für saubere und zügige Ausführung. Möge das Buch von der Fachwelt gut aufgenommen werden.

H.J. Warnecke H.-J. Bullinger

Vorwort

Die vorliegende Arbeit entstand während meiner Tätigkeit als wissenschaftlicher Mitarbeiter am Fraunhofer-Institut für Produktionstechnik und Automatisierung (IPA), Stuttgart.

Mein besonderer Dank gilt Herrn Professor Dr.-Ing. Dr. h.c. mult. H.-J. Warnecke, vormals Leiter des Instituts und jetziger Präsident der Fraunhofer-Gesellschaft, für seine großzügige Unterstützung und Förderung, die entscheidend zur erfolgreichen Durchführung dieser Arbeit beigetragen haben.

Herrn Professor Dr.-Ing. K. Siegert danke ich für die Übernahme des Mitberichts und die sehr eingehende Durchsicht der Arbeit.

Herrn Prof. Dr.-Ing. R.D. Schraft und Herrn Dr.-Ing. M. Schweizer sowie allen Kollegen des Instituts und der großen Anzahl von Studenten, die mich direkt oder indirekt bei dieser Arbeit unterstützt haben, danke ich an dieser Stelle sehr herzlich. Besonders erwähnen möchte ich hierbei Herrn Dipl.-Ing. C. Bark, Herrn Dr.- Ing. T. Schmaus, Herrn Dr.-Ing. U. Zeile, Herrn Dipl.-Ing. H. Scheihing, Herrn Dipl.-Ing. J. Neugebauer, Herrn Dipl.-Ing M. Reimann sowie Herrn K. Killmann.

Ganz besonders danke ich aber meiner Frau Regina sowie meinen beiden Kindern Vincent und Valentin. Durch Ihre Geduld und Unterstützung haben sie ganz wesentlich zum Gelingen dieser Arbeit beigetragen. Ihnen soll daher dieses Buch gewidmet sein.

Rottweil, November 1996 Wolf-Dietrich Schneider

Inhalt

0 Abkürzungen und Formelzeichen

Großbuchstaben

A	mm^2	Fläche
A_K	mm^2	gesamte Kontaktfläche Niet und Nietstempel
A_{K1}	mm^2	Kontaktfläche 1
A_{K2}	mm^2	Kontaktfläche 2
A_N	mm^2	Kreisfläche Niet
A_R	mm^2	Reibfläche
A_S	mm^2	Scherfläche
BT		Bauteil
C		Korrekturfaktor für Phase II
CCD		Charged Coupled Device
DMS		Dehnungsmeßstreifen
E	N/mm^2	Elastizitätsmodul des Nietmaterials
E1		Sichelendpunkt 1
E2		Sichelendpunkt 2
F_u	N	Umformkraft
GWS		Greiferwechselsystem
IR		Industrieroboter
M		Mittelpunkt
M_B		Mittelpunkt Basisteilbohrung
M_F		Mittelpunkt Fügeteilbohrung
OH		obere Hüllkurve
PC		Personal Computer
PID		Regler mit Proportional-, Integral- und Differentialglied
P_A	W	äußere Leistung
P_{id}	W	ideelle Umformleistung
P_R	W	Reibleistung
P_S	W	Scherleistung
Q		dimensionsloser Beiwert für Kontaktflächengröße
R		Schnittpunkt Bohrungs- und Nietachse
SCARA		Selective Compliance Assembly Robot Arm

S1		Sichelschnittpunkt 1
S2		Sichelschnittpunkt 2
St.		Stück
UH		untere Hüllkurve
WS		Werkstück

Kleinbuchstaben

a	mm/Umdrehung	Vorschubstrecke pro Umdrehung
a_B	mm	Abstand der Mittelpunkte der Basisteilbohrungen
a_F	mm	Abstand der Mittelpunkte der Fügeteilbohrungen
b_1		hintere Berührlinie zwischen Niet und -stempel
b_2		vordere Berührlinie zwischen Niet und -stempel
d_B	mm	Bohrung-Nenndurchmesser
$d_{B.B}$	mm	Bohrungsdurchmesser Basisteil
$d_{B.B1}$	mm	Basisteilbohrungsdurchmesser, Bohrung 1
$d_{B.B2}$	mm	Basisteilbohrungsdurchmesser, Bohrung 2
$d_{B.F}$	mm	Bohrungsdurchmesser Fügeteil
$d_{B.F1}$	mm	Fügeteilbohrungsdurchmesser, Bohrung 1
$d_{B.F2}$	mm	Fügeteilbohrungsdurchmesser, Bohrung 2
d^*_B	mm	fiktiver Bohrung-Nenndurchmesser
d_N	mm	Niet-Nenndurchmesser
g		Mittelsenkrechte
k	N/mm^2	Schubfließgrenze
$k_{f.0}$	N/mm^2	Fließspannung bei Umformbeginn
$k_{f.m}$	N/mm^2	mittlere Fließspannung
l	mm	Werkstück-Hauptabmessung
l_K	mm	Klemmlänge
l_N	mm	Nietgesamtlänge
l_S	mm	Nietschaftlänge
l_{St}	mm	Nietstempellänge
m	kg	Werkstück-Masse
n	1/min	Drehzahl Taumelbewegung
$\bar{n}_\sigma$		mittlerer Umformfaktor
$\bar{p}$	N/mm^2	mittlere Druckspannung auf der Kontaktfläche
r_B	mm	Bohrungsradius Bauteil

r_N	mm	Nietradius
$r_{N'}$	mm	oberer Nietradius in Phase III
$r_{N''}$	mm	unterer Nietradius in Phase IV
$r_{N'''}$	mm	oberer Nietradius in Phase IV
s	mm	Umform- bzw. Arbeitsweg
s_0	mm	Umformweg bei Umformbeginn
s_A	mm	Umformweg im Punkt A
s_B	mm	Umformweg im Punkt B
s_C	mm	Umformweg im Punkt C
s_{max}	mm	maximaler Umformweg
u	mm	Nietschaftüberstand
u_0	mm	Nietschaftüberstand vor dem Nietvorgang
u_1	mm	Nietschaftüberstand nach dem Nietvorgang
v_φ	mm/s	Radialgeschwindigkeit
v_θ	mm/s	Tangentialgeschwindigkeit zwischen Niet und -stempel
v_{St}	mm/s	Vorschubgeschwindigkeit Nietstempel
v_z	mm/s	Vorschubgeschwindigkeit in z-Richtung
z, z'		z-Koordinaten

Griechische Buchstaben

$\dot{\varepsilon}_z$	mm/s	axiale Verformungsgeschwindigkeit
$\dot{\varepsilon}_\varphi$	mm/s	radiale Verformungsgeschwindigkeit
$\dot{\varepsilon}_\theta$	mm/s	tangentiale Verformungsgeschwindigkeit
α	°	Berührwinkel
β	°	Aufweitungswinkel des Niets
δ_B	mm	Lateralversatz Niet- zu Bohrungsachse
δ_N	mm	Gesamtlateralversatz Nietstempel zu -achse
$\delta_{N,1}$	mm	Lateralversatz Nietstempel zu -achse aufgrund Längenabweichungen des Nietstempels
$\delta_{N,2}$	mm	Lateralversatz Nietstempel zu -achse aufgrund Exzentrizität des Niets
δ_M	mm	Versatz der Bohrungsmittelpunkte von Basisteil und Fügeteil
γ	°	Taumelwinkel
φ	mm	Polarradius

$\varphi_{v,\,max}$		maximaler Vergleichsumformgrad nach dem Nieten
$\overline{\varphi}_{v,\,max}$		mittlerer maximaler Vergleichsumformgrad
λ		Kontaktflächenverhältnis
μ		Reibkoeffizient zwischen Niet und Nietstempel
κ	°	Exzentrizitätswinkel
θ	°	Drehwinkel
σ_0	N/mm²	Spannung im Niet
τ_{max}	N/mm²	maximale Scherspannung
τ_R	N/mm²	Reibschubspannung
ω	s^{-1}	Winkelgeschwindigkeit des Taumelstempels

Sonstige

$\varnothing$	mm	Durchmesser
$\vec{\delta}_B$		Exzentrizitätsvektor zwischen Niet- und Bohrungsachse
$\vec{\delta}_N$		Exzentrizitätsvektor zwischen Nietstempel und Nietachse
$\vec{\delta}_R$		Verschiebevektor von Füge- zu Basisteil in Bildkoordinaten
$\vec{\delta}_R^*$		Korrekturvektor in Raumkoordinaten
$\Delta_{F,\,min}$	mm	minimales Fügespiel
Δl_{St}	mm	Längenabweichung Nietstempel
Δv	mm/s	Relativgeschwindigkeit zwischen Nietoberfläche und Nietstempel
max		maximal
min		minimal

1 Einleitung

1.1 Problemstellung

Die flexible Automatisierung mit Industrierobotern im Bereich der Montage gilt insbesondere angesichts einer ständig steigenden Variantenvielfalt und damit verbundener sinkender Losgrößen als eine der bedeutendsten Maßnahmen zur Sicherung der Wettbewerbsfähigkeit von Unternehmen /1/. Wurden in den vergangenen Jahren flexible Handhabungsgeräte in der Montage hauptsächlich zum Handhaben und Einlegen von Einzelteilen eingesetzt, so werden zukünftig verstärkt Industrieroboter in Verbindung mit geeigneten Werkzeugen zum Herstellen von Verbindungen verwendet werden /2, 3/.

Betrachtet man die Einsatzhäufigkeit unterschiedlicher Verbindungstechniken, so ist eine zunehmende Verwendung der „klassischen" Verbindungstechnik Nieten, bedingt durch die Substitution der im allgemeinen gut schweißbaren Stahl- und Eisenwerkstoffe durch weniger gut oder nicht schweißbare Werkstoffe wie Aluminium, Kunststoffe oder Verbundwerkstoffe und durch die ständige Neu- und Weiterentwicklung unterschiedlicher Niettypen und der dazugehörigen Verarbeitungswerkzeuge, zu erwarten /4, 5, 6/. Die größten Zuwachsraten werden hierbei dem Taumelnieten, einem speziellen Verfahren zur Verarbeitung von Voll-, Hohl- und Halbhohlnieten, prognostiziert. In einigen Branchen, wie z.B. Haushaltsgeräte, Unterhaltungselektronik und Elektrotechnik, werden diese Zuwachsraten voraussichtlich sogar in einer Größenordnung von mehr als 70 % liegen /7/.

Die Herstellung von Taumelnietverbindungen ist durch einen sehr hohen Anteil an manuell durchgeführten, sehr zeitintensiven Arbeitsgängen gekennzeichnet. Die Zeitanteile der manuell durchgeführten Arbeitsgänge an der Gesamttaktzeit liegen im Durchschnitt zwischen 40 und 65 Prozent /8, 9/. Bislang werden nur das Umformen des Niets mit überwiegend starr automatisierten Einzweckmaschinen sowie teilweise das Vereinzeln und Zuführen des Niets automatisch durchgeführt, die Handhabungsvorgänge, das Positionieren der Bauteile, die Kontrolle der Nietung zur Sicherstellung der Qualität der Verbindung und das Umrüsten der Anlagen werden jedoch im allgemeinen manuell durchgeführt. Eine durchgängig flexibel automatisierte Herstellung von Taumelnietverbindungen ist aufgrund des Fehlens geeigneter Verfahren und Werkzeuge bislang noch nicht durchgeführt worden.

1.2 Zielsetzung und Vorgehensweise

Zielsetzung dieser Arbeit ist es, grundlegende Erkenntnisse über die Möglichkeiten der durchgängig flexibel automatisierten Herstellung von Taumelnietverbindungen mit Industrierobotern zu gewinnen, geeignete Verfahren und Werkzeuge zu entwickeln und deren Umsetzbarkeit in die industrielle Praxis nachzuweisen, um die bislang manuell durchgeführten Arbeitsgänge Handhaben, Positionieren, Kontrollieren der Nietung sowie das Umrüsten von Taumelnieteinrichtungen flexibel automatisiert durchführen zu können.

Hierzu wird zunächst der Stand der Technik bei der Taumelnietverarbeitung sowie bei der flexibel automatisierten Herstellung alternativer Nietverbindungen untersucht. Mit Hilfe einer repräsentativen Anwenderbefragung in ausgewählten Branchen werden das Produkt- und Produktionsspektrum sowie die vorliegenden Automatisierungshemmnisse in den Haupteinsatzbereichen des Taumelnietverfahrens analysiert. Basierend auf diesen Erkenntnissen werden Entwicklungsschwerpunkte für den Einsatz von Industrierobotern bei der automatischen Herstellung von Taumelnietverbindungen systematisch aufgezeigt sowie die Konzeption eines flexibel automatisierten Systems und die Entwicklung geeigneter Verfahren und Werkzeuge zur Handhabung und Positionierung sowie zur Prozeßüberwachung durchgeführt. Der Nachweis der technischen Machbarkeit sowie der Umsetzbarkeit in die industrielle Praxis wird mit Hilfe einer Versuchsanlage erbracht.

2 Ausgangssituation

2.1 Begriffe und Definitionen

Die Mehrzahl der in der Handhabungs- und Montagetechnik verwendeten Begriffe sind bereits in ausreichendem Maße definiert /10-14/. Die ebenfalls in dieser Arbeit verwendeten Begriffe und Definitionen der Umformtechnik sind in der VDI-Richtlinie 3137 /15/ sowie darüber hinausgehend in /16-18/ aufgeführt.

Aus diesem Grund werden im folgenden nur die Begriffe erläutert, die in unmittelbarem Zusammenhang mit der Verbindungstechnik Nieten bzw. dem Taumelnieten stehen und für das Verständnis der vorliegenden Arbeit wichtig sind. Die Begriffserläuterung erfolgt anhand Bild 2-1, während die Erläuterung des Taumelnietverfahrens mit Hilfe von Bild 2-2 erfolgt.

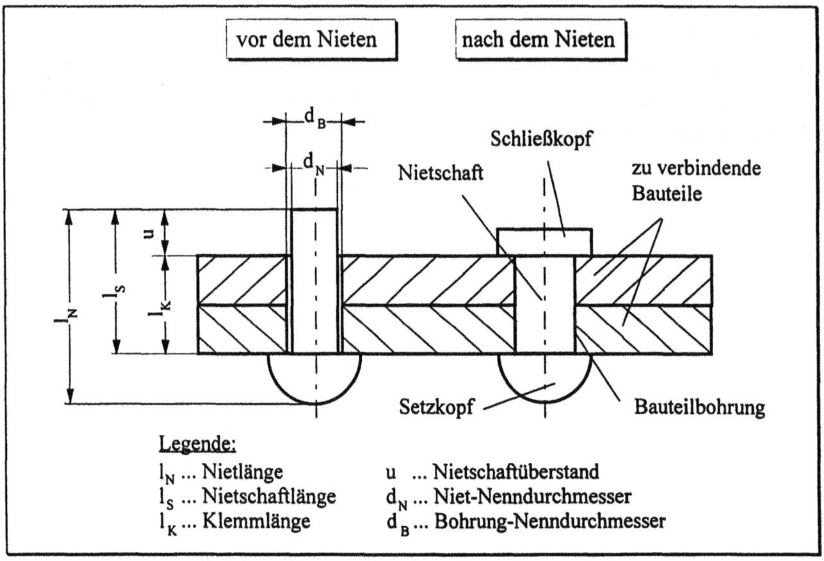

Bild 2-1: Begriffe beim Nieten

Nach DIN 8593 ist Nieten das unlösbare Verbinden von Bauteilen durch Umformen (Stauchen) eines bolzenförmigen Hilfsfügeteils, des Niets. Der Niet mit angeformtem Kopf, dem Setzkopf, wird hierzu in die sich überdeckenden Bohrungen der zu verbindenden Bauteile gesteckt. Das Übermaß des Bauteilbohrung-Nenndurchmessers zum Niet-Nenndurchmesser wird in Abhängigkeit von dem zu verarbeitenden Niettyp (z.B. Vollniet, Hohlniet, Blindniet, Schließringsysteme) und den zu erzielenden Festigkeiten der Verbindung ausgelegt. Der Schließkopf wird anschließend aus dem auf der dem Setzkopf gegenüberliegenden Seite überstehenden Material plastisch geformt. Für die Umformung des Schließkopfes werden je nach Niettyp verschiedene Verfahren, wie z.B. Schlagen, Pressen, Taumeln, Rollen, oder Ziehen, eingesetzt. Die Nietschaftlänge ist von der benötigten Klemmlänge, d.h. der Dicke der zu verbindenden Bauteile, sowie der zu erzeugenden Schließkopfform, abhängig.

Beim Taumelnieten wird der Schließkopf durch eine stetige, relativ langsame Vorschubbewegung, überlagert mit einer Rotationsbewegung, des Taumelkopfes erzeugt (Bild 2-2).

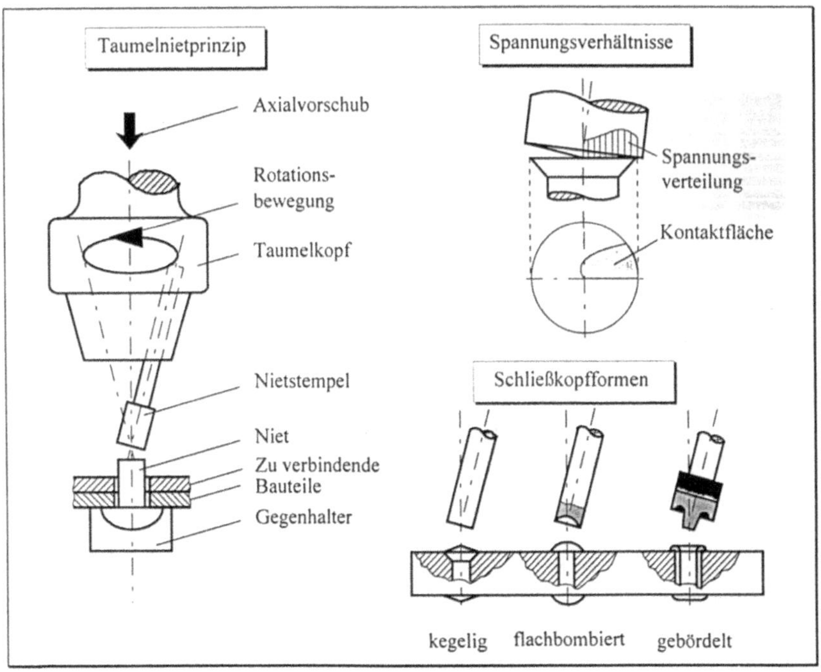

Bild 2-2: Grundprinzip des Taumelnietens (schematisch)

Der je nach zu erzeugender Kopfform unterschiedlich gestaltete Nietstempel ist im Taumelkopf so befestigt, daß er sich drehen kann und im allgemeinen zwischen 3° und 7° zur Mittelachse geneigt ist. Dadurch beschreibt der Nietstempel während des Umformprozesses einen Kegelmantel, dessen Spitze mit der des Nietstempels zusammenfällt. Für diesen kombinierten Druck- und Fließpreßvorgang, bei dem im Gegensatz zum Pressen zur gleichen Zeit nicht gleichzeitig über dem gesamten Nietquerschnitt, sondern nur partiell umgeformt wird, beträgt die erforderliche Umformkraft aufgrund der günstigeren Spannungsverhältnisse nur etwa 1/6 der erforderlichen Kraft beim Pressen /19/. Darüber hinaus sind bewegliche Verbindungen herstellbar. Vorteilhaft ist außerdem, daß unterschiedlichste Nietmaterialien schonend verarbeitet und unterschiedlichste Schließköpfe in sehr guter Qualität hergestellt werden können. Als Nachteil ist aufzuführen, daß eine getaumelte Nietverbindung aufgrund der geringfügigen partiellen Schaftaufweitung des Niets durch den Nietvorgang und der damit verbundenen geringen Lochleibung geringere Festigkeiten als vergleichbare gepreßte oder geschlagene Nietungen aufweist /19/. Bild 2-2 zeigt das Grundprinzip des Taumelnietens, die Spannungsverhältnisse sowie einige Beispiele für herstellbare Schließkopfformen.

2.2 Stand der Technik

2.2.1 Istzustand bei der Herstellung von Taumelnietverbindungen

Bei der Herstellung von Taumelnietverbindungen sind, analog zu anderen Nietverbindungen, folgende Arbeitsumfänge durchzuführen:

- Niet bereitstellen, vereinzeln und zuführen,
- Werkstücke handhaben und einlegen,
- Werkstücke positionieren und halten bzw. spannen,
- Niet einsetzen,
- Niet umformen,
- Gefügte Werkstücke entnehmen und ablegen,
- Nietung kontrollieren,
- Umrüsten (Verschleiß, Produkt- oder Variantenwechsel).

In Abhängigkeit vom Anwendungsfall und den Anforderungen an die Verbindung können weitere Arbeitsumfänge, wie z.B. Bohren und Entgraten der Nietlöcher, erforderlich werden.

Das **Bereitstellen, Vereinzeln, Zuführen und Einsetzen des Niets** wird überwiegend manuell durchgeführt, d.h. die Niete werden aus Greifbehältern entnommen und in die Werkstückaufnahme, in die anschließend die Werkstücke eingelegt werden oder direkt in die Werkstücke, die dann gemeinsam mit dem eingesetzten Niet in die Werkstückaufnahme eingelegt werden, eingesetzt. Eine manuelle Durchführung des Einsetzvorgangs ist insbesondere bei gelochten Werkstücken und meist kleinem Fügespiel zwischen Bohrung und Niet erforderlich. Automatisierte Lösungen für die Arbeitsumfänge Niete bereitstellen, vereinzeln und zuführen, z.B. mit Hilfe von Vereinzelungs- und Zublaseinrichtungen, werden dann eingesetzt, wenn bei ungelochten Werkstücken das gemeinsame Bohren der geklemmten Werkstücke und das Einsetzen und Umformen des Niets mit einem kombinierten Werkzeug durchgeführt wird oder wenn bei gelochten und manuell positionierten Werkstücken Niete dem Verarbeitungswerkzeug zugeführt und anschließend umgeformt werden /19, 20/.

Bei gelochten oder großvolumigen Bauteilen wird das **Handhaben, Einlegen** und **Positionieren der Werkstücke** aufgrund der komplexen Positionieraufgabe bzw. der schwierigen Handhabung (Bauteilegröße und -gewicht) ausschließlich manuell durchgeführt. Für ungelochte, kleinvolumigere Werkstücke hingegen sind teilautomatisierte Systeme mit Industrierobotern für diese Umfänge bekannt /19, 23, 24/. Automatisierte Lösungen für das Handhaben, Einlegen und Positionieren gelochter Werkstücke sind nicht bekannt. Das **Halten** der Werkstücke wird meist mit Hilfe geeignet ausgestalteter Werkstückaufnahmen durchgeführt. Ist ein **Spannen** der Werkstücke erforderlich, so kommen manuelle oder automatische Spannvorrichtungen zum Einsatz.

Zum **Umformen des Niets** kommen beim Taumelnieten, ebenso wie bei anderen Nietverfahren, stationäre Nieteinrichtungen, die den Niet überwiegend automatisch umformen, zum Einsatz /19, 22, 23/. Diese sind entweder ähnlich wie Ständerbohrmaschinen ausgeführt oder werden als Nieteinheit, bestehend aus Taumelkopf und rotatorischem Antrieb, auf Linearführungen aufgebaut. Eine Handhabung von konventionellen Taumelnietwerkzeugen ist bislang aufgrund der hohen Werkzeuggewichte und -abmessungen nicht realisiert worden. Da bei bestehenden Taumelnieteinrichtungen der Umformvorgang ausschließlich wegbegrenzt, z.B. durch Anfahren verstellbarer Anschläge, durchgeführt wird, führen zum einen die Fertigungstoleranzen beim Massenteil Niet sowie den Basis- und Fügeteilen zu einem gewissen Anteil von zu lose oder zu fest sitzenden Verbindungen (Gefahr der Bauteilebeschädigung) und somit zu Ausschuß und zum anderen zu einem hohen Aufwand beim **Umrüsten** der Einrichtungen im Verschleißfall oder bei Produkt- bzw. Variantenwechsel. Taumelnieteinrichtungen, die kraft- und wegbegrenzt arbeiten sowie einen automatischen Umrüstvorgang ermöglichen, sind nicht bekannt.

Die **Kontrolle der Nietung** erfolgt meist in Form einer statistischen Qualitätskontrolle nach Abschluß des Nietprozesses durch das Montage- oder Prüfpersonal. Werden systematische Fehler zu diesem relativ späten Zeitpunkt festgestellt, so muß zwischen dem Auftreten dieser Fehler und deren Behebung mit einer erhöhten Ausschußrate gerechnet werden. Darüber hinaus werden Störfalle, wie z.B. Nietstempeldefekte, fehlerhafte oder falsche Niete, während des Nietvorgangs nicht erkannt und können somit zu Bauteilbeschädigungen führen. Ein Verfahren zur kontinuierlichen Überwachung des Taumelnietvorgangs (on-line-Prozeßüberwachung) und zur Sicherstellung der erzeugten Qualität der Nietung ist nicht bekannt.

Der Stand der Technik bei der Herstellung von Taumelnietverbindungen zeigt, daß i.a. außer für das Umformen des Niets und das Halten bzw. das Spannen der Werkstücke keine automatisierten Lösungen bekannt sind und eingesetzt werden.

2.2.2 Flexibel automatisierte Systeme zum Herstellen von Nietverbindungen

Derzeit sind, insbesondere aus dem Flugzeugbau, einige flexibel teilautomatisierte Systeme bekannt, bei denen zwar keine Niete nach dem Taumelprinzip verarbeitet werden, aber dennoch flexibel automatisierte Lösungen für einzelne Arbeitsumfänge realisiert sind, die hier näher betrachtet werden sollen.

Zur Herstellung von Nietverbindungen sind bis heute ca. 40 unterschiedliche, automatisierte Anlagen, hauptsächlich aus dem Flugzeugbau, bekannt geworden, wie in Bild 2-3 zusammenfassend dargestellt. Grundsätzlich lassen sich zwei Arten von Anlagentypen unterscheiden:

- Anlagen zur Herstellung von Nietverbindungen von ungelochten Werkstücken,
- Anlagen zur Herstellung von Nietverbindungen von gelochten Werkstücken.

Die entwickelten Systeme zur Herstellung von Nietverbindungen von ungelochten Werkstükken sind dadurch charakterisiert, daß die Werkstücke, die größtenteils manuell vorgelocht und geheftet sind, in entsprechende Vorrichtungen eingelegt und positioniert werden.
Dies geschieht überwiegend manuell /20, 25/, teilweise auch automatisiert /21, 24/. Vor Beginn der Arbeitsgänge Bohren, ggf. Entgraten, Reiben und Dichtmittel auftragen sowie Einführen und Umformen des Niets, die durchgängig automatisch mit kombinierten Werkzeugen

durchgeführt werden, erfolgt meist eine Referierung der Automatisierungseinrichtungen zu den Vorrichtungen bzw. Werkstücken, z.B. mit Kamera- oder mechanischen Tastsystemen.

Firma, Werk / Systemeigenschaften		Montage von Werkstücken										
		ungelocht									gelocht	
		Fa. MBB, Hamburg	Fa. MBB, Einswarden	Fa. Lockheed, Burbank	Fa. Dassault, Biarritz	Fa. Grumman, Bethpage	Fa. MBB, Long Beach	Fa. Dornier, München	Fa. Sikorsky, Stratford	Fa. Alenia, Tourcoing	Fa. Böllhoff, Bielefeld	Fa. Avdel, Hannover
Merkmale	Nietart	VN	VN, BN	VN	BN	VN, BN	VN	VN	BN	VN	BNM	BN
	Art der Handhabung	WZH	WSH	WSH	WZH	WZH	WZH	WSH	WZH	WZH	WZH	WZH
	Automatisierungs-einrichtung	synchr. Arb.-wagen	IR	IR	IR	synchr. IR	synchr. IR	NC-Posit.	IR	synchr. IR	IR	IR
	Werkzeuge	KWZ	stat. NWZ	stat. NWZ	KWZ	KWZ	KWZ	NWZ	KWZ	KWZ	NWZ	NWZ
	Zusatzeinrichtungen	Vision-system	—	Vision-system	Vision-system	—	—	Vision-system	mech. Tast-system	—	—	—
Arbeitsumfänge	WS einlegen/pos.	○	●	●	○	◑	○	◑	○	○	○	○
	Hilfslöcher setzen	○	○	—	○	◑	○	○	○	○	—	—
	WS heften	○	○	—	○	◑	○	○	○	○	—	—
	Nietlöcher setzen	●	●	●	●	●	●	●	●	●	—	—
	Niete zuführen	●	●	●	●	●	●	●	●	●	●	●
	Niet einsetzen und umformen	●	●	●	●	●	●	●	●	●	●	●
	Nietung kontrollieren	○	○	○	○	○	○	○	○	○	○	○
	Umrüsten	○	○	○	○	○	○	○	○	○	○	○

Legende:

VN... Vollniet WZH...Werkzeughandhabung KWZ...kombiniertes Werkzeug
BN... Blindniet WSH...Werkstückhandhabung NWZ...Nietwerkzeug
BNM...Blindnietmutter IR... Industrieroboter

● automatisiert ◑ teilautomatisiert ○ manuell — entfällt

Bild 2-3: Überblick über automatisierte Systeme zum Herstellen von Nietverbindungen

Im Falle einer Werkstückhandhabung kommen NC-Positioniersysteme zum Einsatz, bei der Werkzeughandhabung werden i.a. konventionelle Industrieroboter, die z.T. auf Linearachsen angebracht sind, verwendet. Solche Systeme finden z.B. bei der Montage des Airbus- (Fa. MBB) bzw. des Fokker-Rumpfes (Fa. Dassault), der Pylonen der F-14 (Fa. Grumman) oder der Airbus-Druckspante (Fa. Dornier) Verwendung. Für das Herstellen von Verbindungen mit gelochten Werkstücken sind nur wenige flexibel automatisierte Systeme bekannt /26/. Aufgrund der Komplexität des Einlege- und Positioniervorgangs bei gelochten Werkstücken wird dieser ausschließlich manuell durchgeführt. Das anschließende Zuführen, Einführen und Umformen des Niets geschieht automatisch. Zur Handhabung der automatischen Verarbeitungswerkzeuge werden konventionelle Industrieroboter eingesetzt.

Aus dem Stand der Technik wird deutlich, daß für die Herstellung von Nietverbindungen mit gelochten Bauteilen bislang keine durchgängig flexibel automatisierten Montagesysteme realisiert worden sind. Die flexibel automatisierten Teilumfänge beschränken sich auf das Bereitstellen, Vereinzeln und Zuführen des Niets sowie das Einführen und Umformen des Niets mit Hilfe modifizierter Handwerkzeuge, während das Handhaben und Positionieren der gelochten Werkstücke manuell durchgeführt wird.

Für das Vernieten ungelochter Werkstücke sind speziell im Flugzeugbau unter den dort geltenden Randbedingungen weitere Teilumfänge, nämlich das Positionieren und gemeinsame Bohren der Werkstücke, flexibel automatisiert worden. Die nachträgliche Kontrolle der Nietungen und das Umrüsten der Nieteinrichtungen bei Produkt- oder Variantenwechsel erfolgt manuell durch das Montage- und Prüfpersonal.

3 Anforderungen an ein flexibel automatisiertes Montagesystem zum Taumelnieten

Die Grundlage für die analytische Ermittlung der Anforderungen bildet eine Anwenderbefragung in ausgewählten Branchen, in denen das Taumelnietverfahren zukünftig verstärkt eingesetzt werden wird. Aufgrund der dort vorliegenden produkt- und produktionstechnischen Gegebenheiten und Randbedingungen sowie der Automatisierungshemmnisse und -bestrebungen der befragten Firmen ergeben sich die Randbedingungen und Anforderungen für die Entwicklung der fehlenden, flexibel automatisierten Teilsysteme zum Handhaben bzw. Positionieren der Werkstücke, zum Fügen und Umformen des Niets, zum Kontrollieren der Nietung sowie zum Umrüsten der Nieteinrichtungen.

3.1 Analyse der produkt- und produktionstechnischen Randbedingungen

3.1.1 Produktspektrum

Im Rahmen der Datenerhebung wurden insgesamt 23 Firmen aus den ausgewählten Branchen befragt. Nach /7/ sind dies folgende Branchen:

- Haushaltsgeräte (z.B. Waschmaschinen, Kaffeemaschinen, Rührgeräte, usw.),
- Unterhaltungselektronik (z.B. Video- und Audiokassettenrecorder, Elektronikbaugruppen, Compact Disk-Laufwerke, usw.),
- Elektrotechnik (z.B. Relaiskontakte, FI-Schalter, Netzstecker, usw.),
- Feinwerktechnik (z.B. Spannhebel, Entriegelungsmechanismen, chirurgische Instrumente, Gehäuseeinbauteile, Türschlösser, usw.).

Die Basis für die Ermittlung der produktspezifischen Kenngrößen bildet eine Analyse von 31 unterschiedlichen, repräsentativen Produkten aus den jeweiligen Branchen. Die wichtigsten, produktbezogenen Analyseergebnisse sind in Bild 3-1 zusammengefaßt.

Die Analyse des Produktspektrums zeigt, daß in den ausgewählten Branchen überwiegend klein- und mittelvolumige Bauteile (Werkstückmassen < 5 kg, Hauptabmessungen < 300 mm) mit sehr wenigen Nieten, vorzugsweise aus Aluminiumlegierungen oder niedrigfestem Stahl, miteinander verbunden werden. Die Mehrzahl der verarbeiteten Niete weisen Nenndurchmesser im Bereich von 3 mm bis 9 mm und Nietlängen zwischen 5 mm und 15 mm auf. Die Randabstände der Nietbohrungen liegen bei der Mehrzahl der analysierten Produkte bei maximal 100 mm. Weiterhin ist festzustellen, daß der überwiegende Anteil der Niete zwar senkrecht (76,8 %) eingebaut wird, aber auch ein nicht unerheblicher Anteil der Niete waagrechte (17,7 %) oder raumschräge Einbaulagen (5,5 %) aufweist.

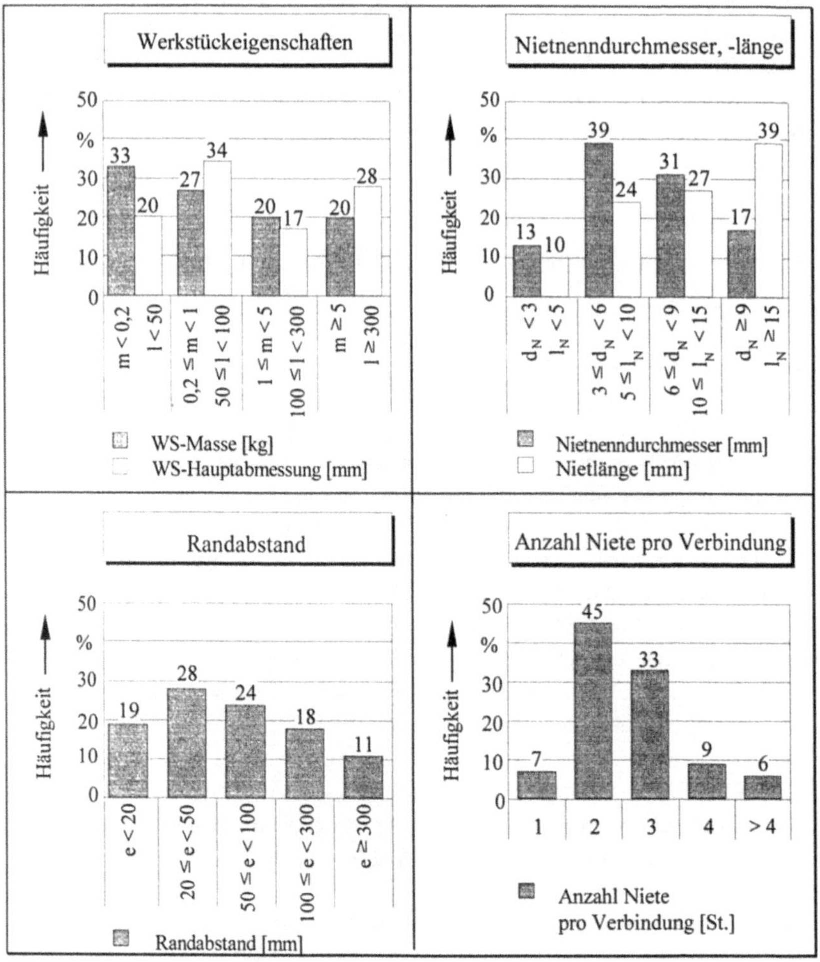

Bild 3-1: Produktspezifische Kenngrößen repräsentativer Produkte

3.1.2 Produktionstechnische Randbedingungen

Die Analyse der Produktion ergibt, daß in den ausgewählten Branchen überwiegend Serienprodukte in hohen Jahresstückzahlen produziert werden. Diese werden nach dem Fließfertigungsprinzip, d.h. auf verketteten Montagestationen nach dem Linear- oder Rundtaktprinzip, gefertigt. Bild 3-2 zeigt eine Übersicht über die in den relevanten Branchen produzierten Jahresstückzahlen sowie die Montagelosgrößen.

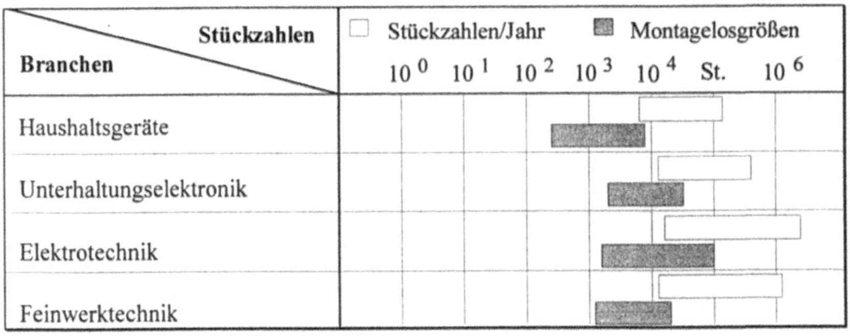

Bild 3-2: Übersicht über Jahresstückzahlen und Montagelosgrößen

Die im Jahr produzierten Stückzahlen schwanken stark zwischen 8000 und 3,8 Millionen Stück. Relevant ist jedoch eine Produktionsleistung eines Gesamtsystems von 50000 bis maximal 200000 Stück/Jahr, da höhere Stückzahlen auf parallel angeordneten, identischen Montagesystemen gefertigt werden. Die Verteilung der Montagelosgrößen läßt erkennen, daß häufig, meist aufgrund von Typen- oder Variantenwechsel, umgerüstet werden muß.

Betrachtet man die durchgeführten Montageabläufe, so lassen sich drei prinzipielle Varianten mit unterschiedlichen Anwendungshäufigkeiten und durchschnittlichen Montagezeiten unterscheiden (Bild 3-3):

1. Ungelochte Werkstücke handhaben, positionieren und spannen, Hilfsbohrungen herstellen, heften, Nietbohrungen herstellen, Niete einsetzen und umformen,
2. Ungelochte Werkstücke handhaben, positionieren und spannen, Nietbohrungen herstellen, Niete einsetzen und umformen,
3. Gelochte Werkstücke handhaben, positionieren und spannen, Niete einsetzen und umformen.

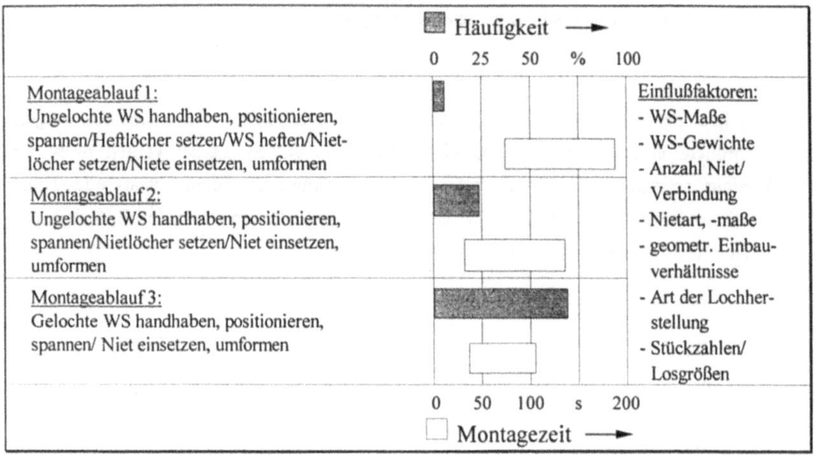

Bild 3-3: Häufigkeiten und Montagezeiten alternativer Montageabläufe

Am häufigsten wird die Alternative 3 mit einem Anteil von mehr als 70 % angewendet, da bei diesen Werkstücken eine sehr kostengünstige Herstellung der Bohrung bereits im Teileherstellungsprozeß (Spritzgießen oder Stanzen) erfolgen kann. Nachteilig ist die manuell durchgeführte Positionierung der gelochten Werkstücke und das Einsetzen der Niete (durchschnittlich 46 % der Montagezeit) aufgrund der auftretenden Fertigungstoleranzen.

Im Gegensatz hierzu ist die Positionierung ungelochter Bauteile bei den Alternativen 1 und 2, z.B. mit Hilfe geeigneter Werkstückaufnahmen, sowie das Einführen der Niete in die gefügten Werkstücke einfacher, da in einem kombinierten Arbeitsgang das Herstellen der Nietlöcher, das Einsetzen und Umformen des Niets erfolgt. Zusätzlich ist jedoch ein größerer Aufwand für die Bohrungsherstellung erforderlich, insbesondere dann, wenn ein Heften der Werkstücke (Alternative 1) zur Herstellung von gratfreien Bohrungen bei dünnen Blechen notwendig ist. Die reine Prozeßzeit für den Taumelnietvorgang ist minimal und beträgt im Durchschnitt zwischen 4 und 9 s.

Darüber hinaus zeigt die Analyse, daß die ermittelten durchschnittlichen Montagezeiten zwischen 40 s und 160 s liegen, abhängig vom jeweilig zugrundeliegenden Produktionsablauf sowie einer Vielzahl von produkt- und produktionsspezifischen Einflußfaktoren. Es läßt sich jedoch anhand der produktionstechnischen Randbedingungen erkennen, daß die Voraussetzungen für eine wirtschaftliche Automatisierung gegeben sind und daß das Taumelnieten gelochter Werkstücke den Schwerpunkt der weiteren Betrachtungen bildet.

3.1.3 Automatisierungshemmnisse

Analysiert man die Automatisierungshemmnisse (Bild 3-4), so zeigen sich überwiegend technische Gründe, die eine Höherautomatisierung bei der Herstellung von Taumelnietverbindungen verhindert haben: das Fehlen automatisierter Fertigungsmittel, mangelnde Zugänglichkeit der Nietstelle, mangelnde Reproduzierbarkeit des Nietvorgangs, hohe Typen- und Variantenvielfalt sowie sehr hohe Toleranzanforderungen. Die schwerwiegendsten wirtschaftlichen Hemmnisse liegen in den zu geringen Stückzahlen und Losgrößen, zu hohen Kosten für flexibel automatisierte Anlagen und den hohen Umrüstzeiten bzw. -kosten.

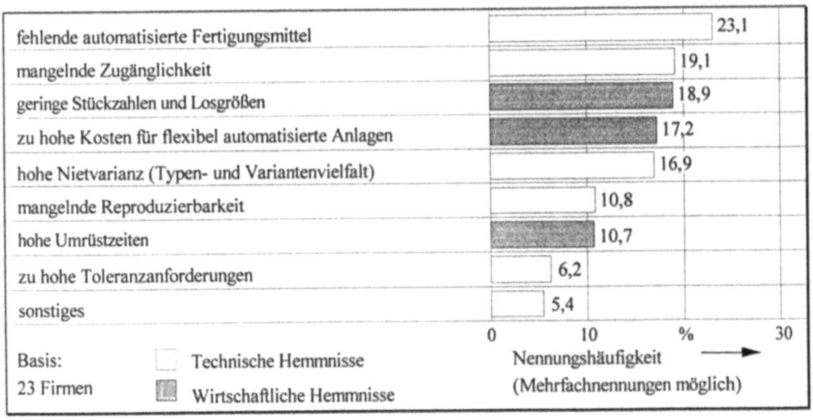

Bild 3-4: Automatisierungshemmnisse

3.2 Analyse der Montageaufgabe

3.2.1 Positionierfehler

Der beim Positionieren gelochter Werkstücke auftretende Positionierfehler setzt sich aus den sich addierenden Lateral- und Angularfehlern zusammen und resultiert, wie in Bild 3-5 dargestellt, aus:

- Fertigungstoleranzen von Basis- und Fügeteil (Lagetoleranzen der Bohrungen),
- Fertigungstoleranzen des Verbindungselementes Niet,
- Toleranzen der Werkstückaufnahme,
- Toleranzen im Prozeßwerkzeug und Greiferwechselsystem,
- Positioniergenauigkeit der Handhabungseinrichtung (Industrieroboter).

Bezogen auf die Fügequerschnittsebene ergibt sich für eine maximale Nietlänge von 20 mm ein resultierender Gesamtpositionierfehler von ± 1,7 mm. Dieser Gesamtpositionierfehler ist durch ein geeignetes Positionier- und Fügesystem auszugleichen, so daß ein sicheres Einführen des Verbindungselementes Niet in die positionierten Werkstücklöcher gewährleistet ist.

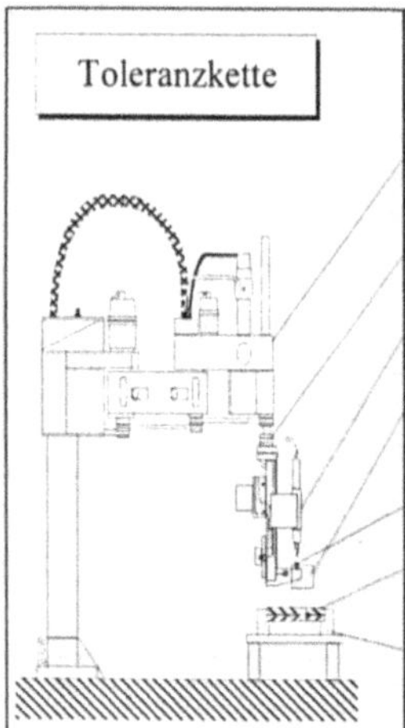

Toleranzursachen	Lateralfehler [mm]	Angularfehler [°]
Positioniergenauigkeit IR	0,05	—
Toleranzen GWS	0,05	0,10
Toleranzen Prozeßwerkzeug	0,10	0,20
Toleranzen Nietaufnahme	0,05	0,10
Toleranzen Nietkopf zu -achse *	—	1,60
Lagetoleranz des Nietloches **	0,15	1,00
Toleranz der Werkstückaufnahme	0,15	0,25
Gesamttoleranz (mögl. Abweichung)	0,55	3,25
	0,25 0,5 0,75	0,5 1,0 1,5 2,0 2,5 3,0 3,5
Resultierender Gesamtpositionierfehler in Fügequerschnittsebene ***	0,55 1,15 1,70	
	1,0 1,5 2,0	

* nach DIN 101
** nach DIN 7168
*** bezogen auf Halbrundniet DIN 660-6 x 20

Bild 3-5: Gesamtpositionierfehler

3.2.2 Umformkräfte

Die Größe der beim Taumelnieten aufzubringenden Umformkräfte hängt hauptsächlich von folgenden Einflußfaktoren ab:

- Nietart (Voll-, Hohl- oder Halbhohlniet),
- Nietmaterial,
- Nietnenndurchmesser,
- Schließkopfform (z.B. Senk- oder Halbrundkopf),
- Verarbeitungsparameter (Vorschubgeschwindigkeit, Taumeldrehzahl).

Bild 3-6 zeigt in einer Gegenüberstellung die in Vorversuchen ermittelten, maximal erforderlichen Umformkräfte für Voll- und Hohlniete mit Senk- bzw. Flachkopf für unterschiedliche Materialien und Nenndurchmesser bei konstanten Verarbeitungsparametern Taumeldrehzahl und Vorschubgeschwindigkeit.

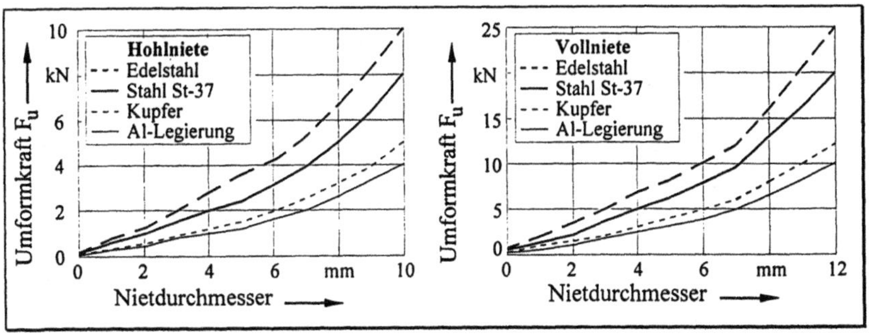

Bild 3-6: Maximal erforderliche Umformkräfte beim Taumelnieten

Berücksichtigt man, daß, wie die Erkenntnisse aus der Analyse des Produktspektrums zeigen, überwiegend Niete aus Aluminiumlegierungen und niedrigfestem Stahl mit Nenndurchmessern kleiner als 9 mm verarbeitet werden, so lassen sich anhand von Bild 3-6 die vom Prozeßwerkzeug aufzubringenden Fügekräfte abschätzen. Mit Fügekräften von ca. 6 kN läßt sich ein Großteil des eingesetzten Nietspektrums verarbeiten.

3.3 Anforderungen an ein flexibel automatisiertes Gesamtsystem zum Herstellen von Taumelnietverbindungen

3.3.1 Gesamtsystem und Teilsysteme

Ordnet man den durchzuführenden Teilfunktionen beim Herstellen von Taumelnietverbindungen Teilsysteme zu, so läßt sich ein Montagesystem zum Taumelnieten in folgende Teilsysteme untergliedern:

- Teilebereitstellungssysteme für Basis-, Fügeteile und Niete,
- Handhabungs- und Positioniersystem, bestehend aus Greifer, Sensorik, Industrieroboter,
- Halte- bzw. Spannsystem, bestehend aus Vorrichtung, Spannwerkzeugen,
- Fügesystem, bestehend aus Fügewerkzeug, Sensorik, Industrieroboter,
- Prozeßüberwachungssystem, bestehend aus Sensorik, Meßdatenerfassung, -auswertung, -speicherung und Dokumentation.

Im Rahmen dieser Arbeit werden die dem Stand der Technik entsprechenden Teilebereitstellungs- und Halte- bzw. Spannsysteme nicht näher betrachtet. Den Schwerpunkt der weiteren Betrachtungen bildet die Ermittlung der Anforderungen an das Handhabungs- und Positioniersystem, das Fügesystem zum Herstellen der Taumelnietverbindungen, das Prozeßüberwachungssystem sowie das Gesamtsystem.

3.3.2 Anforderungen an Gesamtsystem und Teilsysteme

In Bild 3-7 sind die wesentlichen Anforderungen an das Gesamtsystem und die einzelnen Teilsysteme zusammenfassend dargestellt. Diese resultieren aus der Analyse der produkt- und produktionsspezifischen Randbedingungen sowie der Montageaufgabe.

GESAMTSYSTEM	❑ Montage klein- und mittelvolumiger Produkte ❑ Produktionsleistung: 50.000 bis 200.000 Stück/Jahr ❑ hohe Systemflexibilität (Bauteile-, Nietgeometrie, Verarbeitungsparameter, automatisches Rüsten) ❑ systemintegrierte Prozeßüberwachung ❑ hohe Verfügbarkeit ❑ hohe Wirtschaftlichkeit
HANDHABUNGS- UND POSITIONIERSYSTEM	❑ 4- achsiges, freiprogrammierbares System ❑ Positioniergenauigkeit ± 0,05 mm ❑ hohe Bahngeschwindigkeiten(≥ 1000 mm/s) und Beschleunigungen (≥ 2000 mm/s^2) ❑ Nennlast ≥ 8 kg ❑ Bahnsteuerung mit Linear- und Zirkularinterpolation ❑ Integrationsmöglichkeiten von externen Sensor- und Meßsignalen über Ein- und Ausgänge sowie serielle und parallele Schnittstelle ❑ Gewährleistung der Paarbarkeit von gelochten Basis- und Fügeteilen ❑ Positionierung von Fügeteil auf Basisteil, so daß ein Einführen des Niets bei einem minimalen Fügespiel von 0,15 mm möglich ist. ❑ Flexibilität bezüglich Bauteilbohrungsdurchmesser (2,5 mm≤ d ≤ 8 mm) ❑ Ausgleich von Gesamtpositionierfehlern in Fügequerschnittsebene von ± 1,7 mm ❑ kurze Positionierzeit
FÜGESYSTEM	❑ raumschräges Nieten ❑ Erzeugung maximaler Fügekräfte von 6,5 kN ❑ Aufnahme hoher statischer und dynamischer Reaktionskräfte ❑ frei programmierbare, reproduzierbare Einstellung der Verarbeitungsparameter ❑ Verarbeitung unterschiedlicher Nietarten, Setz- und Schließkopfformen, sowie Nietnenndurchmesser und Klemmlängen ❑ automatisches Rüsten der nietspezifischen Einrichtungen ❑ kurze Fügezeit (< 4 s) ❑ kompakte Bauweise, geringes Gewicht (≤ 10 kg)
PROZESSÜBER-WACHUNGSSYSTEM	❑ Einhaltung des vorgegebenen Fügeweges auf ± 0,05 mm Genauigkeit ❑ Einhaltung der vorgebenen Verarbeitungsparameter mit größtmöglicher Genauigkeit ❑ Überwachung des Fügekraftverlaufs innerhalb vorgegebener Schranken ❑ Unterscheidung und Klassifizierung von Störfällen ❑ Realisierung von Störfallstrategien ❑ schnelle Regelung des Prozesses (Echtzeitfähigkeit) ❑ Möglichkeit der Prozeßdokumentation ❑ geringer Einricht- und Umrüstaufwand

Bild 3-7: Anforderungen an Gesamtsystem und Teilsysteme

4 Konzeption von Teilsystemen

4.1 Lösungskonzepte für das Handhabungs- und Positioniersystem

Das Handhabungs- und Positioniersystem hat die Aufgabe,

- Lage und Durchmesser der Bohrungen in Basis- und Fügeteil zu messen,
- die Paarbarkeit von Basis- und Fügeteil zu prüfen,
- die Greifposition an Basis- und Fügeteil zu bestimmen,
- das Basisteil zu greifen, zu handhaben und in die Spannvorrichtung einzulegen,
- die Lage der Basisteilbohrung in der Spannvorrichtung zu messen,
- das Fügeteil zu greifen und zu handhaben, die Lage der Fügeteilbohrung zu messen und die Fügeteilbohrung zur Basisteilbohrung grob zu positionieren,
- die Feinpositionierung, d.h. das Messen der Lage der Fügeteil- zur Basisteilbohrung und die gegebenenfalls erforderliche Verschiebung von Füge- zu Basisteil, durchzuführen.

Da sowohl die gestellten Anforderungen an das Handhabungssystem von marktgängigen SCARA-Robotern als auch die bauteilspezifischen Anforderungen an die Greifeinrichtungen von dem Stand der Technik entsprechenden Greifsystemen erfüllt werden, bildet die Entwicklung geeigneter Verfahren zur Positionierung gelochter Bauteile den Schwerpunkt der weiteren Betrachtungen.

4.1.1 Positionieren gelochter Bauteile

Die für das Positionieren von gelochten Bauteilen durchzuführenden Aufgaben sind im Gegensatz zum Bolzen-Loch-Problem /27, 28/ mit einem geregelten Suchsystem durchzuführen, da die Bohrungen in Basis- und Fügeteil sich überdecken müssen, bevor der Niet einge-führt werden kann. Bei geregelten Suchsystemen wird zunächst die Objektvermessung mit einem geeigneten Meßprinzip durchgeführt und anschließend die auf der Basis der erfaßten Meßdaten berechnete Korrekturbewegung durch das Handhabungssystem ausgeführt. In Bild 4-1 sind unterschiedliche Meßprinzipien sowie alternative Verfahren zur Berechnung der Korrekturbewegung gegenübergestellt.

TEILFUNKTION	UNTERSCHEI-DUNGSMERKMAL	LÖSUNGS-MÖGLICHKEIT	VORTEILE	NACHTEILE
NIETLÖCHER VERMESSEN	berührend	Matrixtaster 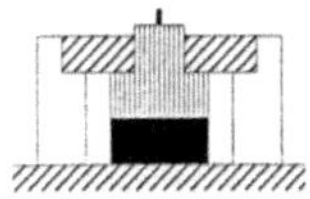	- großer Meßbereich - geringe Prozeßzeit	- geringe Meß-genauigkeit - hoher Umrüst-aufwand - großer Bauraum - eingeschränkte Zugänglichkeit
	berührungslos	Fotosensor mit Durchlicht 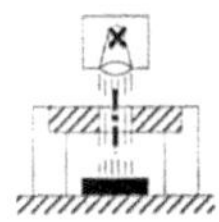	- hohe Meß-genauigkeit - geringe Prozeßzeit - geringer Bauraum	- geringer Meß-bereich - hoher Umrüst-aufwand - eingeschränkte Zugänglichkeit
		hochauflösende CCD-Kamera mit Durchlicht 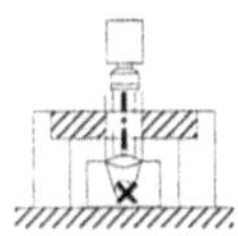	- hohe Meß-genauigkeit - großer Meßbereich - geringer Umrüst-aufwand - geringer Bauraum - gute Zugänglichkeit	- hohe Prozeßzeit
		Lasertriangulations-sensor 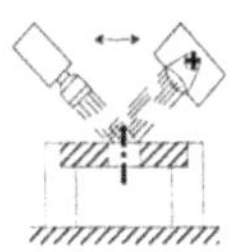	- sehr hohe Meß-genauigkeit - großer Meßbereich - geringer Umrüst-aufwand	- großer Bauraum - sehr hohe Prozeßzeit
KORREKTUR-BEWEGUNG BERECHNEN	indirekt (Mittelpunkt-bestimmung)	Sekantenverfahren 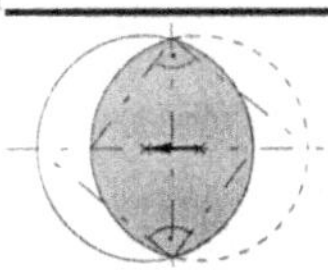	- hohe Berechnungs-genauigkeit	- sehr hohe Rechen-zeiten - Mindestüberdeckung der Nietlöcher - dreistufiges Verfahren
	direkt (Kantenabstand-bestimmung)	Sichelverfahren 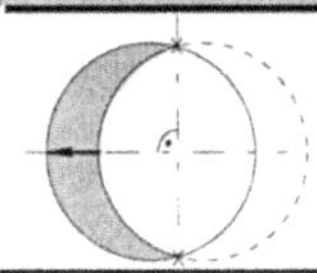	- sehr hohe Berech-nungsgenauigkeit - geringe Rechen-zeiten - zweistufiges Ver-fahren	- Mindestüberdeckung der Nietlöcher

Bild 4-1: Gegenüberstellung alternativer Lösungskonzepte für die Objektvermessung und Berechnung der Korrekturbewegung zum Feinpositionieren

Diese Meßprinzipien sind prinzipiell für die Objektvermessung zur Bestimmung der Paarbarkeit von Basis- und Fügeteil und für die Bestimmung der Korrekturbewegung zur Feinpositionierung der zu verbindenden Bauteile geeignet. Die Objektvermessung ist mit einem berührungslosen Meßsystem auszuführen, da berührende Systeme mechanischem Verschleiß unterliegen, störanfälliger sind und die Gefahr der Beschädigung empfindlicher Bauteiloberflächen besteht.

4.1.2 Prüfung der Paarbarkeit von Basis- und Fügeteil

Ausgehend von den Ergebnissen der Analyse wird bei den folgenden Betrachtungen davon ausgegangen, daß Basis- und Fügeteile mit 2 Nieten verbunden werden. Sollten mehr als 2 Niete pro Verbindung eingesetzt werden, so kann analog zum hier beschriebenen Lösungsweg vorgegangen werden.

Zunächst sind hierzu die Durchmesser und Mittelpunktslagen der Bohrungen in Basis- und Fügeteil zu bestimmen und daraus die Abstandsvektoren der Bohrungsmittelpunkte zu errechnen. Berechnet man das minimale Fügespiel auf der Basis der gemessenen Bohrungsdurchmesser und des maximal zulässigen Nietdurchmessers, so läßt sich mit Hilfe der berechneten Abstandsvektoren die Paarbarkeit von Basis- und Fügeteil feststellen.

Hierzu sind, wie in Bild 4-2 dargestellt, folgende Geometriedaten der Basis- und Fügeteile zu ermitteln:

- Durchmesser der Basis- und Fügeteilbohrungen $d_{B,B1}$, $d_{B,B2}$, $d_{B,F1}$ und $d_{B,F2}$,
- Abstand der Mittelpunkte der Basis- bzw. Fügeteilbohrungen a_B und a_F.

Die erste Paarbarkeitsbedingung ergibt sich aus der Tatsache, daß alle Bohrungen im Basis- und Fügeteil einen minimalen Bohrungsdurchmesser aufweisen müssen, um Niete mit maximalem Nietnenndurchmesser aufnehmen zu können. Somit gilt:

$$d_{B,\,min} = d_{N,\,max} + \Delta_{F,\,min} \leq d_{B,B1},\ d_{B,B2},\ d_{B,F1},\ d_{B,F2}\ . \qquad (1)$$

Weiterhin gilt, daß sich in die Schnittfigur zweier überlappender Bohrungen ein Kreis mit dem Durchmesser $d_{B,\,min}$ einbeschreiben lassen muß. Daraus resultiert allgemein eine maximal zulässige Verschiebung $\delta_{M,\,max}$ der Lochmittelpunkte, wie in Bild 4-2 dargestellt:

$$\delta_{M,\,max} = \frac{1}{2}\left(d_{B,\,B} + d_{B,\,F}\right) - d_{B,\,min} \tag{2}$$

bzw. bezogen auf zwei Bohrungspaare:

$$\delta_{M,\,max\,1} = \frac{1}{2}\left(d_{B,\,B1} + d_{B,\,F1}\right) - d_{B,\,min} \tag{3}$$

und

$$\delta_{M,\,max\,2} = \frac{1}{2}\left(d_{B,\,B2} + d_{B,\,F2}\right) - d_{B,\,min}\,. \tag{4}$$

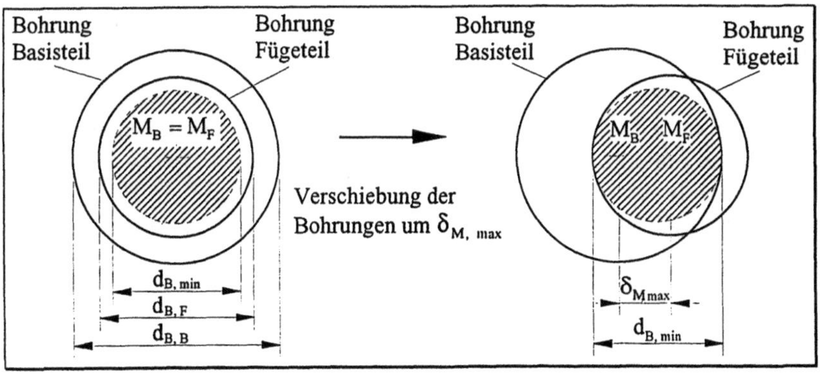

Bild 4-2: Maximal zulässige Verschiebung der Lochmittelpunkte von Basis- u. Fügeteil

Das bedeutet, daß sich die Lochmittelpunkte des Fügeteils innerhalb von Kreisen mit den Radien $\delta_{M,\,max1}$ bzw. $\delta_{M,\,max2}$ um die entsprechenden Lochmittelpunkte $M_{B,\,B1}$ und $M_{B,\,B2}$ befinden dürfen. Eine Extremwertbetrachtung ergibt bei gegebenem Mittelpunktabstand a_B im Basisteil für $a_{F,\,min}$ und $a_{F,\,max}$:

$$\begin{aligned} a_{F,\,min} &= a_B - \delta_{M,\,max\,1} - \delta_{M,\,max\,2} \\ &= a_B - \frac{1}{2}\left(d_{B,\,B1} + d_{B,\,F1} + d_{B,\,B2} + d_{B,\,F2}\right) + 2d_{B,\,min} \end{aligned} \tag{5}$$

$$\begin{aligned} a_{F,\,max} &= a_B + \delta_{M,\,max\,1} + \delta_{M,\,max\,2} \\ &= a_B + \frac{1}{2}\left(d_{B,\,B1} + d_{B,\,F1} + d_{B,\,B2} + d_{B,\,F2}\right) - 2d_{B,\,min} \end{aligned} \tag{6}$$

Mit $a_{F,\,min} < a_F < a_{F,\,max}$ lautet die zweite Paarbarkeitsbedingung:

$$|a_F - a_B| \le \frac{1}{2}\left(d_{B,B1} + d_{B,F1} + d_{B,B2} + d_{B,F2}\right) - 2d_{B,\,min} \,. \tag{7}$$

4.1.3 Bestimmung des Verschiebevektors zur Feinpositionierung von Basis- und Fügeteil

Bei der Feinpositionierung von Basis- und Fügeteil wird ein Binärbild der Fügeteilbohrung vor der Grobpositionierung erzeugt und im Anschluß an die Grobpositionierung von Füge- und Basisteil, die aufgrund der bekannten Lage der Basisteilbohrung vorgenommen wird, ein Binärbild der sich überlappenden Bohrungen generiert. Substrahiert man die Binärbilder vor und nach der Grobpositionierung, so erhält man (Bild 4-3) bei sich nicht exakt überdeckenden Bohrungen eine sichelförmige Schnittfigur. Durch eine geeignete Auswertestrategie werden zunächst die beiden Endpunkte E_1 und E_2 der Schnittfigur bestimmt. Die Mittelsenkrechte g auf die Strecke $\overline{E_1, E_2}$ ergibt die Richtung des Verschiebevektors $\vec{\delta}_R$. Der Betrag des Verschiebevektors $\vec{\delta}_R$ läßt sich aus der Länge der Strecke zwischen den beiden Schnittpunkten S_1 und S_2 mit der sichelförmigen Schnittfigur bestimmen.

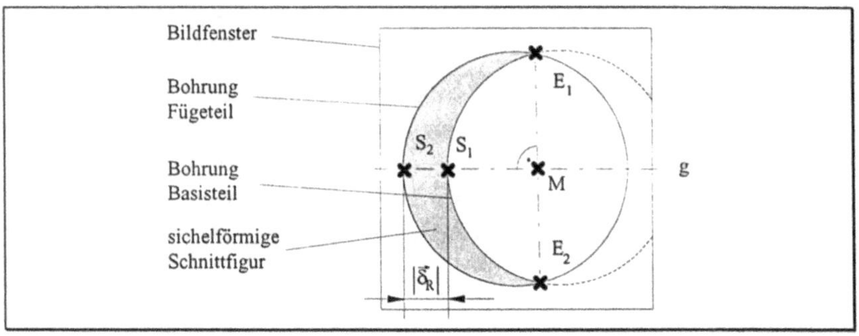

Bild 4-3: Bestimmung des Verschiebevektors $\vec{\delta}_R$

Durch eine entsprechende Koordinatentransformation läßt sich der in Bildkoordinaten und Anzahl Pixel ermittelte Verschiebevektor $\vec{\delta}_R$ in einen Korrekturvektor $\vec{\delta}_R^{\,*}$, der in Raumkoordinaten und in der Längeneinheit Millimeter benötigt wird, umrechnen.

4.2 Lösungskonzepte für das Fügesystem

Die Aufgaben des Fügesystems, bestehend aus Fügewerkzeug, Sensorik und Industrieroboter, sind im einzelnen

- Erzeugen der Vorschubbewegung und Umformkraft,
- Aufnehmen hoher statischer und dynamischer Reaktionskräfte,
- Erzeugen der rotatorischen Taumelbewegung,
- Halten des Niets,
- Drehen des Fügewerkzeugs und
- Wechseln (automatisch) der nietspezifischen Teilsysteme.

Das Aufnehmen der hohen statischen und dynamischen Reaktionskräfte beim Taumelnieten kann keinesfalls nur über den Industrieroboter erfolgen, so daß die Minimierung der auf den Industrieroboter wirkenden Reaktionskräfte durch ein geeignetes Lösungskonzept für das Fügesystem sicherzustellen ist. Bild 4-4 und Bild 4-5 zeigen eine Gegenüberstellung unterschiedlicher Lösungskonzepte für die einzelnen Teilfunktionen des Fügesystems.

Bei der Auswahl der geeigneten Lösungskonzepte stehen neben den funktionstechnischen Aspekten die Kriterien Gewicht und Baugröße im Vordergrund, da das zu entwickelnde Fügewerkzeug von einem SCARA-Roboter handhabbar sein muß und möglichst geringe Störkonturen aufweisen soll. Die ausgewählten Lösungskonzepte für die einzelnen Teilfunktionen, die in der Gegenüberstellung entsprechend hervorgehoben sind, werden zu einem Gesamtkonzept für das Fügewerkzeug integriert.

TEILFUNKTION	UNTERSCHEIDUNGSMERKMAL	LÖSUNGSMÖGLICHKEIT	VORTEILE	NACHTEILE
REAKTIONSKRÄFTE AUFNEHMEN 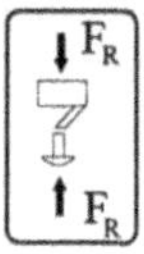 	geschlossener Kraftfluß außerhalb des Werkzeugs	Abstützung IR durch Abstützplatte 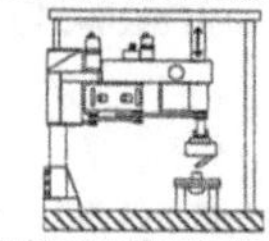	- geringes Werkzeuggewicht - gute Zugänglichkeit - geringe Reaktionskräfte auf IR - großer Arbeitsraum	- kein raumschräges Nieten möglich - hohe Taktzeiten - hohe Kosten - Nietvorbestückung erforderlich
		Abstützung IR durch Bügel 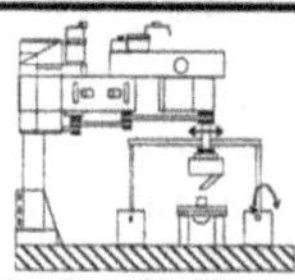	- geringes Werkzeuggewicht - raumschräges Nieten - sehr geringe Reaktionskräfte auf IR - gute Zugänglichkeit	- Gefahr der Selbsthemmung - kleiner Arbeitsraum - hohe Kosten - geringe Flexibilität - Nietvorbereitung
		Abstützung IR durch Zugseile 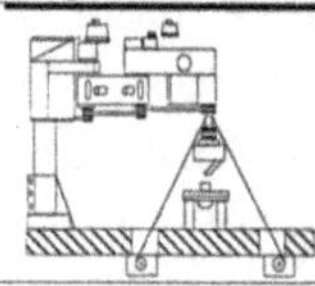	- geringes Werkzeuggewicht - raumschräges Nieten - sehr geringe Reaktionskräfte auf IR - gute Zugänglichkeit	- geringe Flexibilität - hohe Taktzeiten - Nietvorbestückung - hohe Kosten
	geschlossener Kraftfluß innerhalb des Werkzeugs	Zangenwerkzeug 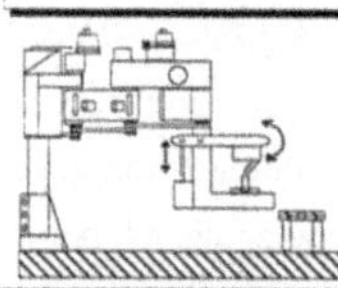	- keine Nietvorbestückung - keine Reaktionskräfte auf IR - kurze Taktzeiten - einfache Vorrichtungen	- hohes Werkzeuggewicht - gekrümmte Nietbewegung - eingeschränkte Zugänglichkeit
		Bügelwerkzeug 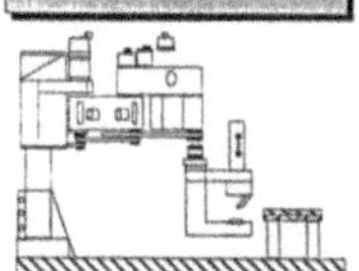	- keine Nietvorbestückung - keine Reaktionskräfte auf IR - geradlinige Nietbewegung - kurze Taktzeiten - einfache Vorrichtung	- hohes Werkzeuggewicht - eingeschränkte Zugänglichkeit
TAUMELBEWEGUNG ERZEUGEN 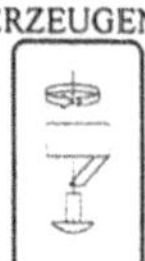	Art des Antriebs	im Werkzeug integrierter Elektromotor	- gute Regelbarkeit - sehr hohe Leistung	- aufwendige Steuerung/Regelung - hohe Kosten - Gewicht
		im Werkzeug integrierter Pneumatikmotor	- kostengünstig - Gewicht	- schlechte Regelbarkeit - geringere Leistung

Bild 4-4: Gegenüberstellung alternativer Lösungsmöglichkeiten für das Fügesystem (Teil 1)

TEILFUNKTION	UNTERSCHEI-DUNGSMERKMAL	LÖSUNGS-MÖGLICHKEIT	VORTEILE	NACHTEILE
VORSCHUB-BEWEGUNG/ UMFORM-KRAFT ERZEUGEN 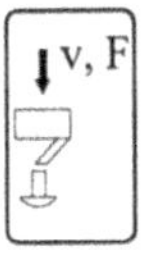	direkte Erzeugung	im Werkzeug integrierter Pneumatikzylinder	- kostengünstig - einfache Reali-sierung - kurze Taktzeiten	- Gewicht - Baugröße - Reproduzierbarkeit - Kompressibilität - aufwendige Steuerung
		im Werkzeug integrierter Hydraulikzylinder	- Gewicht - Baugröße - Reproduzierbarkeit - Steuerbarkeit - kurze Taktzeiten - Genauigkeit	- hohe Kosten
	indirekte Erzeugung	im Werkzeug integrierter Elektomotor mit Unter- und Umsetzungsgetriebe	- Reproduzierbarkeit - Genauigkeit - sehr hohe Kräfte	- Gewicht - Baugröße - aufwendige Steuerung - hohe Kosten
		im Werkzeug integrierter Hydromotor mit Unter- und Umsetzungsgetriebe	- Reproduzierbarkeit - Genauigkeit - sehr hohe Kräfte	- Gewicht - Baugröße - aufwendige Steuerung - Kosten
NIET HALTEN 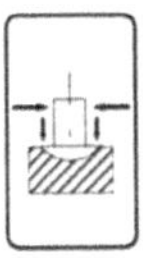	kraftschlüssig	mit Unterdruck unter Setzkopf	- flexibel - kostengünstig - Baugröße - Gewicht - freistehender Niet-schaft/Setzkopf	- Rechtwinkligkeit - nicht für runde Setzköpfe - geringe Haltekräfte - Dichtigkeit
		magnetisch unter Setz-kopf	- flexibel - freistehender Niet-schaft/Setzkopf - hohe Haltekräfte	- Rechtwinkligkeit - nicht für alle Niet-materialien - Baugröße - Gewicht
		mechanisch am Nietschaft (versenkbar)	- Ausgleich Winkel-fehler - hohe Haltekräfte - für alle Setzkopf-formen	- Baugröße - Gewicht - Kosten
NIETSPEZI-FISCHE TEILE AUTOMATISCH WECHSELN	setzkopfseitig	nachgiebig gelagerte Wechseleinsätze für Bügel	- kostengünstig - passiver Toleranz-ausgleich	
	schließkopf-seitig	Nietstempelwechsel	- Gewicht - Baugröße - einfacher Werkzeugaufbau	- hohe Taktzeiten - minimales Füge-spiel - Kosten für Wechsel-vorrichtung
		Taumelkopfwechsel	- kurze Taktzeiten - einfache Vorrichtung - kostengünstig	- Gewicht - Baugröße - komplexer Werk-zeugaufbau

Bild 4-5: Gegenüberstellung alternativer Lösungsmöglichkeiten für das Fügesystem (Teil 2)

4.3 Lösungskonzepte für das Prozeßüberwachungssystem

Das Prozeßüberwachungssystem hat die Aufgabe, während des Nietprozesses

- die Verarbeitungsparameter Drehzahl, Vorschubweg und -geschwindigkeit zu messen und möglichst konstant zu halten,
- die Ist-Werte der relevanten Prozeßgrößen (Umformkraft über -weg) zu messen und mit vorgegebenen Soll-Werten zu vergleichen,
- auf störfallbedingte Abweichungen der relevanten Prozeßgrößen zu reagieren.

Die meßtechnische Erfassung der Prozeßgrößen und Verarbeitungsparameter sowie die Regelung der Verarbeitungsparameter kann mit Hilfe gängiger Sensorik (DMS-Kraftaufnehmer, Näherungsschalter, Linearpotentiometer) und Meßdatenerfassungskarten (Wandler, Verstärker, Frequenzgeneratoren, PID-Regler) durchgeführt werden.

Für die Überwachung der Umformkraft über dem -weg, d.h. den Vergleich eines aktuell gemessenen Wertes mit vorgegebenen Minimal- und Maximalwerten, stehen unterschiedliche Verfahren zur Auswahl, deren Hauptunterscheidungsmerkmal im zu betrachtenden Bereich, in dem die formulierten Minimal- und Maximalbedingungen gültig sind, liegt. Bild 4-6 zeigt eine Gegenüberstellung und Bewertung prinzipiell möglicher Verfahren zur Überwachung des Taumelnietprozesses.

Die Bewertung der unterschiedlichen Verfahren zeigt, daß das Hüllkurvenverfahren, trotz der Komplexität und des damit verbundenen Aufwands zur Datenverarbeitung, aufgrund des Erkennens aller möglichen Versagensfälle und der Überwachungsgenauigkeit zu bevorzugen ist. Da bei der rein experimentellen Erzeugung der für das Hüllkurvenverfahren benötigten oberen und unteren Toleranzkurven im Einrichtbetrieb nicht alle Toleranzeinflüsse systematisch berücksichtigt werden und ein hoher Zeitaufwand, verbunden mit einer Produktionsunterbrechung, erforderlich ist, sollen die Toleranzkurven mit Hilfe eines geeigneten Prozeßmodells vorab berechnet und anschließend im Betrieb gegebenenfalls angepaßt werden.

Verfahren zur Prozeßüberwachung / Auswahlkriterien	GF	Grenzwertverfahren	Differenzwertverfahren	Toleranzfensterverfahren	Hüllkurvenverfahren
		für $s \leq s_{max}$ gilt: $F_u < F_{u,\,max}$	für $s \leq s_{max}$ gilt: $F_{u,\,min} < F_u < F_{u,\,max}$	für $s_{min} \leq s \leq s_{max}$ gilt: $F_{u,\,min} < F_u < F_{u,\,max}$	für $0 \leq s \leq s_{max}$ gilt: $F_{u,\,min}(s) < F_u(s) < F_{u,\,max}(s)$
		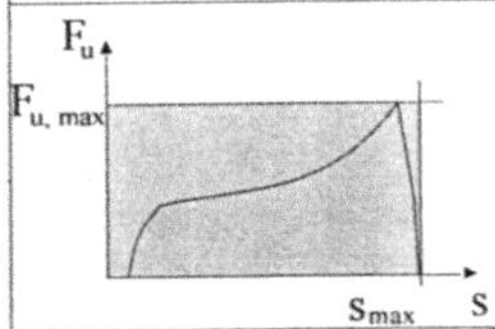	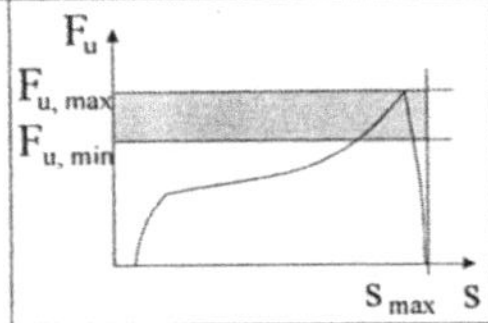	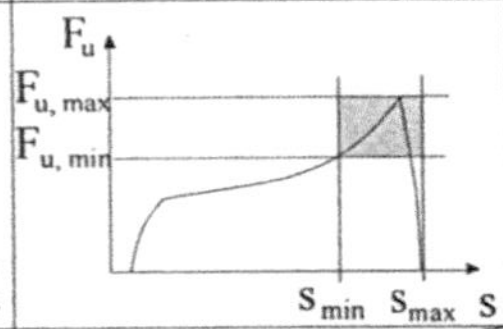	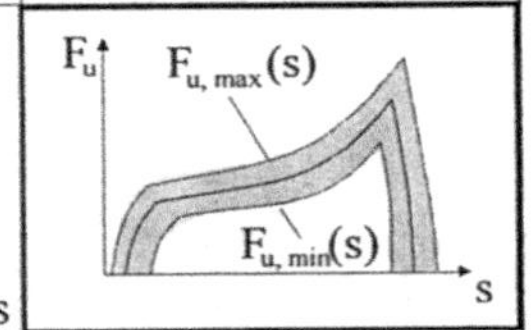
Erkennen von Versagensfällen	9	1 / 9	1 / 9	2 / 10	4 / 36
Realisieren von Störfallstrategien	8	1 / 8	2 / 16	4 / 32	5 / 40
Genauigkeit	10	1 / 10	1 / 10	2 / 20	4 / 40
Komplexität	5	4 / 20	4 / 20	3 / 15	1 / 5
Reagibilität	7	5 / 35	4 / 28	4 / 28	2 / 14
Datenumfang	3	4 / 12	4 / 12	3 / 9	1 / 3
Kosten	2	4 / 8	4 / 8	3 / 6	2 / 4
Summe		**102**	**103**	**128**	**142**

Legende: EF / EF x GF

EF...Erfüllungsfaktor
0...nicht erfüllt
5...sehr gut erfüllt

GF...Gewichtungsfaktor
0...unwichtig
10...sehr wichtig

Bild 4-6: Gegenüberstellung prinzipieller Verfahren zur Überwachung des Taumelnietprozesses

5 Umformkräfte beim Taumelnieten

Kennzeichnend für den beim Taumelnieten stattfindenden Umformvorgang ist der Verlauf der Umformkraft über dem -weg (F_u/s-Verlauf) /29/. Bei der Prozeßüberwachung nach dem Hüllkurvenverfahren werden diese charakteristischen Prozeßgrößen erfaßt und mit den vorberechneten Soll-Werten der unteren und oberen Hüllkurve verglichen. Zur Vorberechnung der Hüllkurven ist ein geeignetes Berechnungsmodell zu erstellen.

5.1 Phasenmodell des Taumelnietprozesses

Beim Taumelnieten läßt sich bei konstantem Verhältnis von zurückgelegtem Arbeitsweg zu Drehzahl ein prinzipieller F_u/s-Verlauf feststellen, der wie in Bild 5-1 für Vollniete dargestellt in fünf Phasen unterteilt werden kann:

Phase I: Bereich des Anfahrens: Der rotierende Nietstempel fährt im Arbeitsvorschub bis zum Niet. Da kein Kontakt zum Niet besteht, treten keine Kräfte auf.

Phase II: Bereich der elastischen Umformung: Beim Aufsetzen des Nietstempels auf die Nietoberfläche beginnt die rein elastische Umformung des Niets. Der Anstieg der Umformkraft ist steil (Hooke'sche Gerade). Mit steigender Umformkraft findet bei idealisiertem Werkstoffverhalten ein schlagartiger Übergang von elastischer zu plastischer Umformung statt (Punkt A), während bei tatsächlichem Werkstoffverhalten ein fließender Übergang festzustellen ist.

Phase III: Bereich der unbehinderten plastischen Umformung: In der anschließenden Phase unbehinderter plastischer Umformung findet ein freies Stauchen des Niets statt. Der Verlauf der Umformkraft ist annähernd linear und besitzt eine geringe Steigung, die im wesentlichen durch die Durchmesservergrößerung des Nietkopfes und die Kaltverfestigung des Nietmaterials hervorgerufen wird.

Phase IV: Bereich der behinderten plastischen Umformung: Der umgeformte Nietkopf beginnt am Fügeteil anzuliegen und das Nietmaterial wird am freien Fließen gehindert, so daß die notwendige Umformkraft größer wird und einen steileren Verlauf aufweist. Der Nietkopf wird endgültig ausgeformt, so daß die notwendige Umformkraft weiter zunimmt. Der Übergang von unbehinderter zu behinderter plastischer Umformung ist gekennzeichnet durch einen leichten Knick (Punkt B) im Kraftverlauf.

Phase V: Bereich des Zurücksetzens: Erreichen Vorschubweg oder Umformkraft maximal zulässige Werte (Punkt C), so zieht sich der rotierende Nietstempel zurück in seine Nullstellung. Da sich im Niet der elastische Verformungsanteil wieder zurückverformt, fällt die Umformkraft nicht momentan auf Null ab.

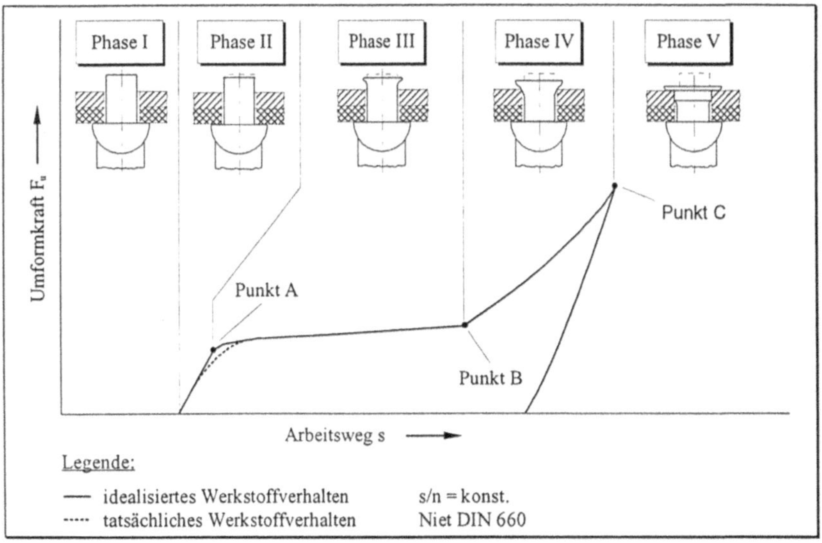

Bild 5-1: Phasenmodell des Taumelnietvorgangs

5.2 Berechnungsmodell für den Taumelnietprozess

Beim Taumelnieten handelt es sich um einen dreidimensionalen und instationären Umformprozeß. Die Aufstellung des Berechnungsmodells erfolgt mit Hilfe der elementaren Plastizitätstheorie, da sich, wie ein Vergleich der Berechnungsergebnisse analytischer Betrachtungen mit gemessenen Werten für ähnliche umformtechnische Vorgänge /30-33/ zeigt, hinreichend genaue Ergebnisse erzielen lassen.

Bild 5-2 zeigt zusammenfassend das Berechnungsmodell für den Taumelnietprozeß sowie die einzelnen Berechnungsschritte bzw. -ergebnisse.

Umformkraft bzw. Kraft/Weg-Verlauf bei		Berechnungsschritte	Berechnungsergebnisse
	elastischer Verformung	1 $F_{u,elast.} = f(C, l_N, r_N, E, s)$ (Hook'sche Gerade)	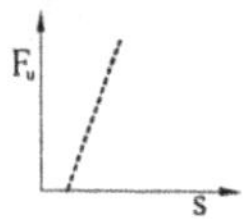
	beginnender plast. Verformung	2 $F_{u,plast.} = f(\lambda, r_N, \overline{p})$ ❑ Kontaktflächenverhältnis $\lambda = f(\alpha, Q)$ ❑ mittlere Druckspannung $\overline{p} = f(\overline{n}_\sigma, k_{fm})$	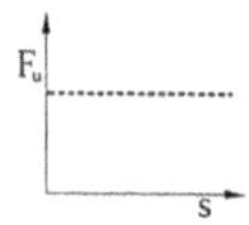
	un- bzw. behinderter plast. Verformung	3 Übergang von elast. zu plast. Verformung (Punkt A bzw. s_A)	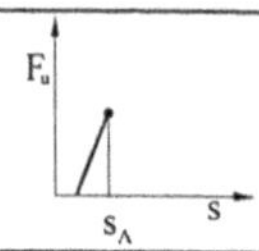
		4 Unbehinderte plastische Verformung (Phase III) $F_{u,III} = f(\lambda, r'_N, \overline{n}_\sigma, k_{fm})$	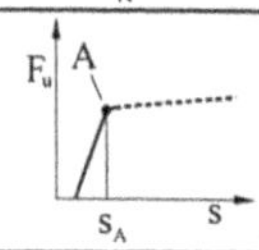
		5 Übergang von un- zu behinderter Verformung (Punkt B bzw. s_B)	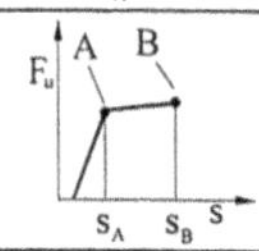
		6 Behinderte plastische Verformung (Phase IV) $F_{u,IV} = f(\lambda, r'''_N, \overline{n}_\sigma, k_{fm})$	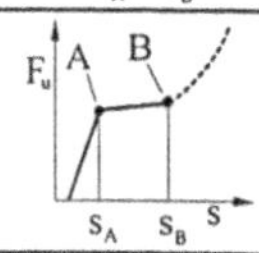
		7 Abbruch bei Maximalkraft (Punkt C bzw. s_C)	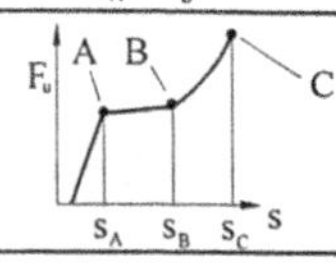

Legende:

C = materialspezifischer Korrekturfaktor
l_N = Nietlänge
r_N-r'''_N = Radius Niet (unterschiedlich verformt)
E = Elastizitätsmodul Nietmaterial
s = Vorschubweg
α = Berührwinkel
Q = Taumelkonstante
$\overline{n}_\sigma$ = mittlerer Umformfaktor
k_{fm} = mittlere Fließspannung

Bild 5-2: **Berechnungsmodell für den Taumelnietprozeß**

Die Anforderung der einfachen Anwendbarkeit der Berechnungsverfahren bei der Erstellung von Hüllkurven zur Prozeßüberwachung läßt exaktere Berechnungsansätze, wie z.B. mit Hilfe der höheren Plastizitätstheorie oder der Finite-Element-Methode (FEM), die bereits bei weniger komplexen Umformvorgängen sehr hohe Rechenleistungen und -zeiten /30, 34/ erfordern, als nicht anwendbar erscheinen.

5.2.1 Kraft/Weg-Verlauf bei elastischer Umformung

Für die beim rein elastischen Umformen des Niets erforderliche Umformkraft (idealisiertes Werkstoffverhalten) kann angesetzt werden:

$$F_{u,\,elast.}(s) = \frac{\pi \cdot r_N^{\,2} \cdot E}{l_N} \cdot s \;. \tag{8}$$

Das tatsächliche Werkstoffverhalten kann durch Einführung eines materialspezifischen Korrekturfaktors C angenähert werden.

5.2.2 Umformkraft bei beginnender plastischer Umformung

Für die Berechnung des Kraftbedarfs bei beginnender plastischer Umformung, die in starker Anlehnung an /31/ und /33/ erfolgt, wird vereinfachend davon ausgegangen, daß auf der Kontaktfläche zwischen Niet und Nietstempel die erforderliche Fließspannnung gleichzeitig erreicht wird. Für die Umformkraft beim plastischen Umformen kann allgemein angesetzt werden:

$$F_{u,\,plast.} = \lambda \cdot \pi \cdot r_N^2 \cdot \bar{p} \;. \tag{9}$$

Hierbei ist Kontaktflächenverhältnis λ definiert als das Verhältnis von Kontaktfläche zwischen Nietstempel und Niet zu der gesamten Nietoberfläche.

5.2.2.1 Berechnung des Kontaktflächenverhältnisses

Betrachtet werden soll ein konischer Nietstempel, der wie in Bild 5-3 dargestellt beim Umformen durch seine Abrollbewegung eine ebene Nietoberfläche erzeugt.

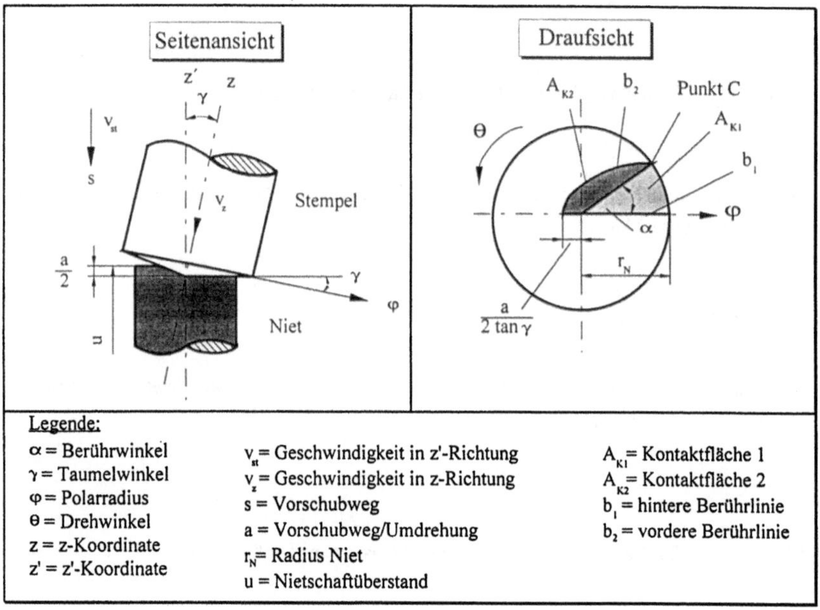

Legende:

α = Berührwinkel
γ = Taumelwinkel
φ = Polarradius
θ = Drehwinkel
z = z-Koordinate
z' = z'-Koordinate

v_{st} = Geschwindigkeit in z'-Richtung
v_z = Geschwindigkeit in z-Richtung
s = Vorschubweg
a = Vorschubweg/Umdrehung
r_N = Radius Niet
u = Nietschaftüberstand

A_{K1} = Kontaktfläche 1
A_{K2} = Kontaktfläche 2
b_1 = hintere Berührlinie
b_2 = vordere Berührlinie

Bild 5-3: Kontaktfläche beim Taumelnieten

Für die Berührlinie b_2 erhält man durch Gleichsetzen der Gleichungen für die konische Oberfläche des Nietstempels und der Nietoberfläche sowie unter der Annahme, daß für kleine Taumelwinkel ($\gamma < 7°$) $\cos\gamma = 1$ ist:

$$\varphi = \frac{a}{\tan\gamma\,(1-\cos\theta)} \,. \qquad (10)$$

Setzt man die für den Taumelprozeß charakteristische, dimensionslose Größe

$$Q = \frac{a}{2 \cdot r_N \cdot \tan\gamma} \tag{11}$$

in (10) ein, so erhält man für die Berührlinie der Flächen:

$$\varphi = \frac{2 \cdot r_N \cdot Q}{1 - \cos\theta}. \tag{12}$$

Die hintere Berührlinie b_l kann als Gerade angenommen werden. Somit gilt für die Kontaktfläche wie Bild 5-3 zeigt:

$$A_K = A_{K1} + A_{K2} = \int_0^{r_N}\int_0^{\alpha} \varphi \cdot d\theta \cdot d\varphi + \int_{\alpha}^{\pi}\int_0^{\frac{2 \cdot r_N \cdot Q}{(1-\cos\theta)}} \varphi \cdot d\theta \cdot d\varphi \tag{13}$$

bzw. für das Kontaktflächenverhältnis eingesetzt

$$\lambda = \frac{A_K}{A_N} = \frac{A_K}{\pi \cdot r_N^2} = \frac{1}{\pi} \cdot \left(\frac{\alpha}{2} + \frac{1 + 2 \cdot Q}{6} \cdot \sin\alpha\right). \tag{14}$$

5.2.2.2 Berechnung der mittleren Druckspannung

Unter der Annahme, daß die erforderliche Stauchspannung um 15 % über der erforderlichen Fließspannung liegt, gilt für die mittlere Druckspannung:

$$\overline{p} = \overline{n}_\sigma \cdot 1{,}15 \cdot k_{f0}. \tag{15}$$

Die Berechnung des mittleren Umformfaktors $\overline{n}_\sigma$ erfolgt mit Hilfe der Methode der oberen Schranke, bei der zunächst - unter Berücksichtigung der Volumenkonstanz - ein kinematisch zulässiges Geschwindigkeitsfeld für den vorliegenden Umformprozeß und die aufzubringende Umformleistung ermittelt wird. Ausgehend von der aufzubringenden Umformleistung läßt sich der mittlere Umformfaktor $\overline{n}_\sigma$ und somit die Umformkraft, die für das Eintreten der plastischen Umformung erforderlich ist, berechnen.

Ermittlung des Geschwindigkeitsfeldes

In guter Näherung kann davon ausgegangen werden, daß die Verschiebung der Teilchen im Werkstoff vorwiegend in tangentialer Richtung erfolgt. Somit gilt:

$$v_\varphi = 0 \tag{16}$$

$$\dot{\varepsilon}_\varphi = 0 \tag{17}$$

$$\dot{\varepsilon}_\Theta = -\dot{\varepsilon}_z . \tag{18}$$

Im Zylinderkoordinatensystem (bezogen auf den Niet) bewegt sich der Nietstempel mit der Geschwindigkeit v_{St} in z'-Richtung. Unter der Annahme einer linearen Verteilung der Wandergeschwindigkeiten des Teilchens in z-Richtung erhält man wie Bild 5-4 zeigt:

$$v_z = -\frac{v_{St}}{u} \cdot z . \tag{19}$$

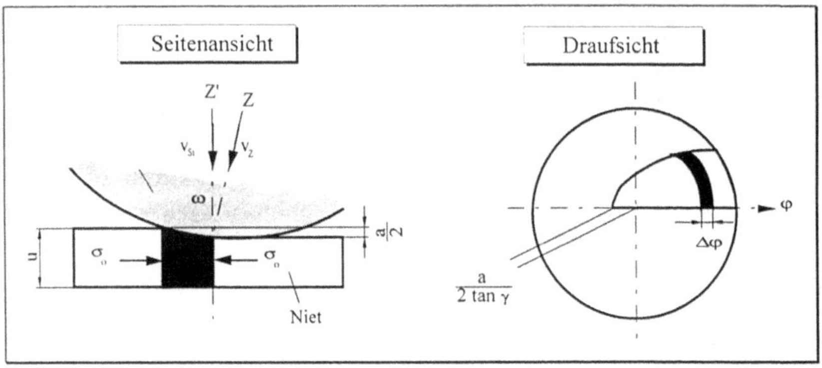

Bild 5-4: Spannungsverhältnisse beim Taumelnieten

Mit (18) und (19) erhält man schließlich als Lösung für das Geschwindigkeitsfeld, da im Mittelpunkt φ = 0 und $v_\theta = 0$ sind:

$$v_\theta = \frac{v_{St}}{u} \cdot \varphi \cdot \theta . \tag{20}$$

Berechnung der Umformleistung

Die Umformleistung setzt sich aus folgenden Anteilen zusammen:

- ideelle Umformleistung P_{id}
- Reibungsleistung P_R und
- Scherleistung P_S

Es gilt nach /35/ für die ideelle Umformleistung:

$$P_{id} = k \cdot \sqrt{2} \cdot \int_V \sqrt{\dot{\varepsilon}_\varphi^2 + \dot{\varepsilon}_z^2 + \dot{\varepsilon}_\theta^2} \, dV \, . \tag{21}$$

Mit (17) und (18) erhält man:

$$P_{id} = 2 \cdot k \cdot v_{St} \cdot \varphi \cdot \Delta\varphi \cdot \theta . \tag{22}$$

Für die Reibleistung beim Umformen des Niets kann allgemein angesetzt werden:

$$P_R = \int_{A_R} \left| \tau_R \cdot \Delta v \right| \cdot dA_R \, . \tag{23}$$

Wird vereinfachend die Schubfließgrenze nach Tresca für die tatsächlich wirkende Reibschubspannung τ_R eingesetzt und angenommen, daß die Relativgeschwindigkeit zwischen Nietoberfläche und -stempel der Tangentialkomponente der Wandergeschwindigkeit bei $z = u$ entspricht, erhält man schließlich:

$$P_R = \mu \cdot k \cdot \frac{v_{St}}{u} \cdot \theta^2 \cdot \varphi^2 \cdot \Delta\varphi . \tag{24}$$

Für die Scherleistung kann angesetzt werden:

$$P_S = \int_{A_S} \left| \tau_{max} \cdot \Delta v \right| \cdot dA_s \, . \tag{25}$$

Geht man davon aus, daß an der Grenze zum nicht umgeformten Gebiet die Spannung σ_0 vorliegt, die der Umformung entgegenwirkt, so ergibt sich schließlich

$$P_S = \sigma_0 \cdot v_{St} \cdot \theta \cdot \varphi \cdot \Delta\varphi . \tag{26}$$

Für die äußere Leistung, die durch den Nietstempel auf den Niet eingebracht wird, kann angesetzt werden:

$$P_A = \int_A \overline{p} \cdot v_{St} \cdot dA \tag{27}$$

bzw.

$$P_A = \overline{p} \cdot v_{St} \cdot \theta \cdot \varphi \cdot \Delta\varphi. \tag{28}$$

Berechnung des mittleren Umformfaktors $\overline{n}_\sigma$

Setzt man nun - analog zur Methode der oberen Schranke -

$$P_A = P_{id} + P_R + P_S \tag{29}$$

so erhält man für den Mittelwert des Umformfaktors n_σ auf der Kontaktfläche

$$\overline{n}_\sigma = \frac{1}{A_K} \cdot \int \left(1 + \frac{\mu}{2 \cdot u} \cdot \varphi \cdot \theta + \frac{\sigma_0}{2 \cdot k}\right) \cdot dA_K \ . \tag{30}$$

Mit $dA_K = \varphi \cdot d\theta \cdot d\varphi$ erhält man

$$\overline{n}_\sigma = \frac{1}{r_N^2 \cdot \left(\frac{\alpha}{2} + \frac{1+2\cdot Q}{6} \cdot \sin\alpha\right)} \cdot \left[\int_0^{\alpha}\int_0^{r_N} \left(1 + \frac{\mu}{2 \cdot u} \cdot \varphi \cdot \theta + \frac{\sigma_0}{2 \cdot k}\right) \cdot \varphi \cdot d\theta \cdot d\varphi + \int_{\alpha}^{\pi}\int_0^{\frac{2 \cdot r_N \cdot Q}{(1-\cos\theta)}} \left(1 + \frac{\mu}{2 \cdot u} \cdot \varphi \cdot \theta + \frac{\sigma_0}{2 \cdot k}\right) \cdot \varphi \cdot d\theta \cdot d\varphi\right] \tag{31}$$

Dieses Integral muß durch geeignete Approximationsverfahren angenähert werden und kann vereinfacht mit den üblichen geometrischen Abmessungen $r_N/u \approx 1$ wie folgt ausgedrückt werden:

$$\overline{n}_\sigma = 1 + 0{,}414 \cdot e^{-3{,}5 \cdot Q} + \frac{\mu}{2}(0{,}48 \cdot Q + 0{,}282)\ . \tag{32}$$

Berechnung der mittleren Fließspannung

Zur Berücksichtigung der Kaltverfestigungseffekte bei der plastischen Verformung ist eine mittlere Fließspannung k_{fm} auf der Basis der beim Taumelnieten erzielten Umformgrade zu bestimmen. Die allgemeine Berechnung des maximalen Vergleichsumformgrades nach dem Nieten kann mit Hilfe folgender Gleichung erfolgen:

$$\varphi_{v,\,max} = \ln\frac{u_1}{u_0}. \tag{33}$$

Legt man Werte der Auslegungsvorschriften für Niete und Nietverbindungen für die untersuchte Schließkopfform zugrunde ($u_0 \approx 0,7 \cdot d_N$), so ergeben sich die hierfür typischen maximalen Umformgrade $\varphi_{v,\,max}$ von -0,45 bis -0,75. Geht man von einem mittleren maximalen Umformgrad $\overline{\varphi}_{v,\,max}$ = -0,6 aus, so ergibt sich für die mittlere Fließspannung k_{fm} als arithmetischer Mittelwert der Fließspannungen vor und nach der Umformung:

$$k_{fm} = \frac{k_{f0}+k_{f0,6}}{2}. \tag{34}$$

5.2.3 Kraft/Weg-Verlauf bei unbehinderter plastischer Umformung

Aus (9), (15) und (32) ergibt sich für die im Moment des Eintritts des plastischen Fließens des Nietmaterials (Punkt A) erforderliche Umformkraft

$$F_u(A) = \lambda \cdot \pi \cdot r_N^2 \cdot \left(1 + 0,414 \cdot e^{-3,5Q} + \frac{\mu}{2}(0,48 \cdot Q + 0,282)\right) \cdot 1,15 \cdot k_{fm} \tag{35}$$

bzw. mit (8) für den zurückgelegten Umformweg in Punkt A

$$s_A = \frac{\lambda \cdot l_N \cdot 1,15 \cdot k_{fm}}{E} \cdot \left(1 + 0,414 \cdot e^{-3,5Q} + \frac{\mu}{2}(0,48 \cdot Q + 0,282)\right). \tag{36}$$

Im weiteren Verlauf des Umformvorgangs wird der Nietkopf durch das plastische Umformen des Nietmaterials ausgeformt. Dadurch vergrößert sich der Durchmesser der Nietoberfläche und damit die Kontaktfläche A_K, was zu einem Anstieg der Umformkraft führt.

Bild 5-5 zeigt die geometrischen Verhältnisse zu Beginn und bei fortgeschrittener plastischer Umformung des Niets.

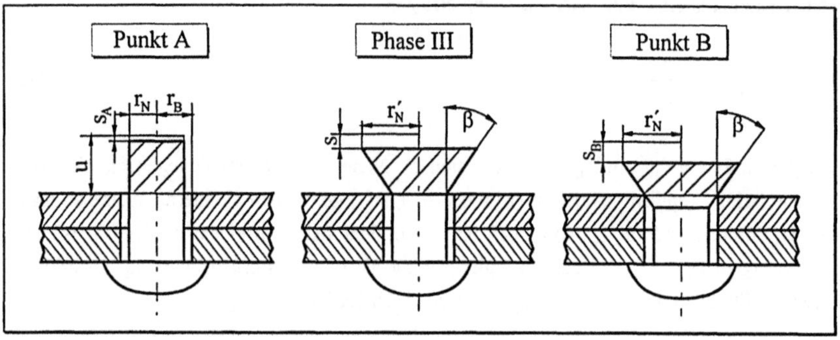

Bild 5-5: Geometrische Verhältnisse (Phase III)

Setzt man die beiden dargestellten Volumina gleich (Volumenkonstanz), so ergibt sich

$$\pi \cdot r_N^2 \cdot u = \frac{\pi}{3} \cdot \frac{r'_N - r_N}{\tan\beta} \cdot \left(r_N^2 + r_N \cdot r'_N + r'^2_N\right) \tag{37}$$

und mit

$$u = s + \frac{r'_N - r_N}{\tan\beta} \tag{38}$$

gilt für die Durchmesservergrößerung in Abhängigkeit vom zurückgelegten Vorschubweg s:

$$\frac{r'^3_N}{r_N^2} - 3 \cdot r'_N - 3 \cdot s \cdot \tan\beta + 2 \cdot r_N = 0 \tag{39}$$

und

$$F_{u,III}(s) = \lambda \cdot \pi \cdot r'^2_N \cdot \left(1 + 0{,}414 \cdot e^{-3{,}5 \cdot Q} + \frac{\mu}{2}(0{,}48 \cdot Q + 0{,}282)\right) \cdot 1{,}15 \cdot k_{f0} \,. \tag{40}$$

Hierbei wird vereinfachend von einem während der gesamten plastischen Umformung konstanten Aufweitugswinkel β ausgegangen.

Die obige Betrachtung ist solange gültig, bis der sich aufweitende Kegelstumpf des umgeformten Niets das Basisteil berührt und somit an seiner Aufweitung gehindert wird.

Für den Moment des Anliegens an das Basisteil (Punkt B) können, wie in Bild 5-5 dargestellt, folgende Betrachtungen durchgeführt werden.

Es gilt:

$$x = \frac{r_N' - r_B}{\tan\beta} = u - s\,. \tag{41}$$

Mit (39) ergibt sich daraus

$$r_N' = \sqrt[3]{3 \cdot r_N^2 \cdot \left(u \cdot \tan\beta - \frac{2}{3} r_N + r_B \right)}\,. \tag{42}$$

Eingesetzt in (38) erhält man für den zurückgelegten Vorschubweg im Punkt B

$$s_B = u + r_B \cdot \cot\beta - \cot\beta \cdot \sqrt[3]{3 \cdot r_N^2 \cdot \left(u \cdot \tan\beta - \frac{2}{3} r_N + r_B \right)}\,. \tag{43}$$

5.2.4 Kraft/Weg-Verlauf für den Bereich der behinderten plastischen Umformung

Beim Anliegen des umgeformten Niets an das Basisteil (Punkt B) ändern sich die der Berechnung zugrundezulegenden Bedingungen für die Kontaktflächenvergrößerung zwischen Nietoberfläche und -stempel, wie in (Bild 5-6) dargestellt.

Bei der Berechnung wird davon ausgegangen, daß ausschließlich das Nietmaterial, das sich oberhalb des Anliegepunktes befindet, weiter plastisch verformt wird unter Beibehaltung des konstanten Aufweitungswinkels β.

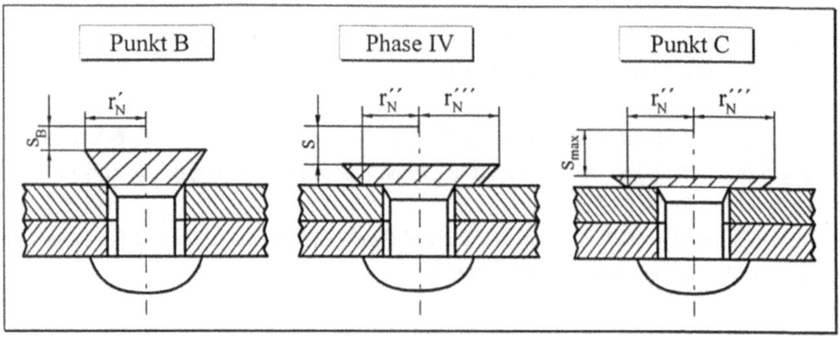

Bild 5-6: Geometrische Verhältnisse (Phase IV)

Setzt man die Volumina beim Anliegen und beim weiteren Umformen gleich, so gilt:

$$\frac{\pi \cdot x}{3} \cdot \left(r_N'^2 + r_N' \cdot r_B + r_B^2\right) = \frac{\pi \cdot (x - \Delta s)}{3} \cdot \left(r_N''^2 + r_N'' \cdot r_N''' + r_N'''^2\right) . \tag{44}$$

Mit

$$r_N'' = r_N''' - (x - \Delta s) \cdot \tan\beta \tag{45}$$

und (41) ergibt sich als gültige Lösung für die quadratische Gleichung

$$r_N''' = \frac{1}{2} \cdot (r_N' - r_B - \Delta s \cdot \tan\beta) + \frac{1}{6} \cdot \sqrt{12 \cdot \frac{\left(R^3 - r_B^3\right)}{\left(R - r_B - \Delta s \cdot \tan\beta\right)} - 3 \cdot \left(R - r_B - \Delta s \cdot \tan\beta\right)^2} \tag{46}$$

mit

$$R = \sqrt[3]{3 \cdot r_N^2 \cdot \left(u \cdot \tan\beta - \frac{2}{3} r_N + r_B\right)} \tag{47}$$

und somit erhält man schließlich

$$F_{u,IV}(s) = \lambda \cdot \pi \cdot r_N'''^2 \cdot \left(1 + 0{,}414 \cdot e^{-3{,}5 \cdot Q} + \frac{\mu}{2}(0{,}48 \cdot Q + 0{,}282)\right) \cdot 1{,}15 \cdot k_{f0} . \tag{48}$$

5.2.5 Integration zum Berechnungsmodell

Die für die einzelnen Phasen des Taumelnietprozesses ermittelten Berechnungsvorschriften sind zu einem Berechnungsmodell zu integrieren, so daß ein durchgehender Kraft/Weg-Verlauf berechnet werden kann. In Phase I ($s < s_o$), Bereich des Anfahrens, treten noch keine Umformkräfte auf. Für Phase II ($s_o \leq s < s_A$), Bereich der elastischen Umformung, gilt Gleichung (8), während sich der Kurvenverlauf für Phase III ($s_A \leq s < s_B$), Bereich der unbehinderten plastischen Umformung, mit Hilfe von Gleichung (36), (39) und (40) berechnen läßt. Analog wird der Kurvenverlauf für Phase IV ($s_B < s \leq s_{max}$), Bereich der behinderten plastischen Umformung, durch Gleichung (43), (46), (47) sowie (48) beschrieben.

Bild 5-7 zeigt beispielhaft mit den in /17/ angegebenen Fließkurven berechnete F_u/s-Verläufe für verschiedene Nietparameter (experimentell ermittelter Aufweitungswinkel $\beta \approx 25°$).

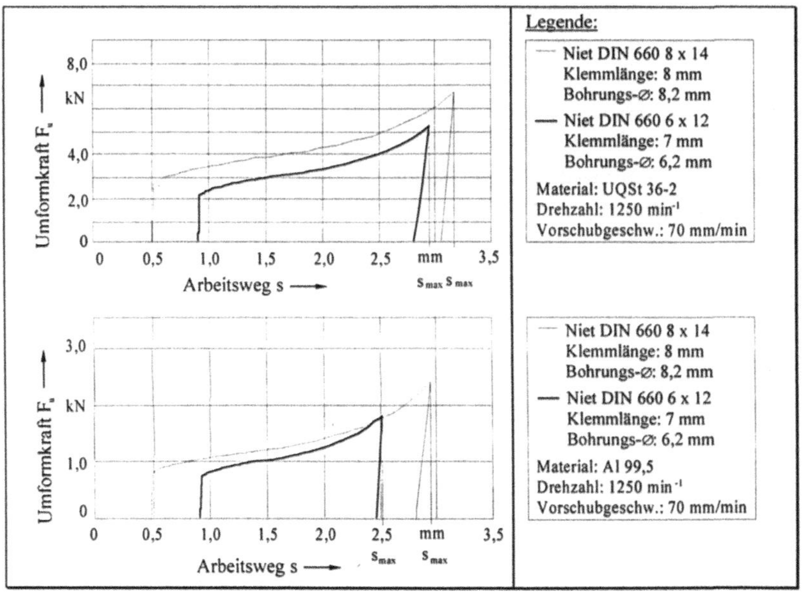

Bild 5-7: Beispiele berechneter F_u/s-Verläufe

6 Hüllkurvenverfahren zur Prozeßüberwachung

6.1 Einflußfaktoren auf den Kraft/Weg-Verlauf

Das in Kapitel 5 entwickelte Berechnungsmodell erlaubt die Ermittlung eines Kraft/Weg-Verlaufs, der für exakt definierte geometrische und werkstoffliche Verhältnisse sowie idealisierte Verarbeitungsbedingungen (zentrischer Sitz Nietschaft zu -loch, mittige Positionierung Nietschaft zu -stempel) gültig ist. Für die Vorberechnung der Hüllkurven sind die unter tatsächlichen Verhältnissen vorliegenden Einflußfaktoren und deren Auswirkungen auf den Kraft/Weg-Verlauf zu bestimmen.

6.1.1 Einfluß von Nietlängenabweichungen

Der Einfluß der Nietlänge, die beim Massenteil Niet unregelmäßig innerhalb vorgegebener Toleranzen variiert, zeigt sich beim Kraft/Weg-Verlauf (Bild 6-1) zum einen in einer Verschiebung der Nullpunktlage s_0 (versetztes Auftreffen des Nietstempels auf den Niet) sowie in einer Änderung der Steigung der Hooke'schen Gerade im Bereich der elastischen Verformung.

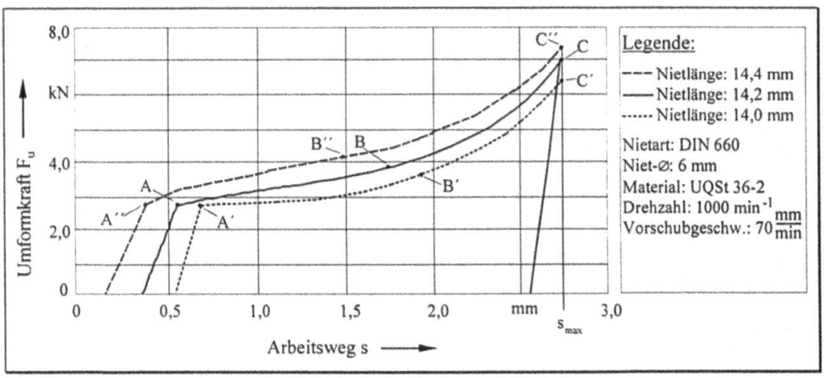

Bild 6-1: Einfluß von Nietlängenabweichungen auf den Kraft/Weg-Verlauf

Der Beginn der plastischen Verformung (Punkte A, A′ bzw. A″) setzt bei gleicher Umformkraft ein, während die durch das Anliegen am Fügeteil hervorgerufene Fließbehinderung (Punkte B, B′ und B″) bei stark unterschiedlichen zurückgelegten Arbeitswegen eintritt. Die Beendigung des Nietvorgangs findet beim Arbeitsweg s_C des Nietstempels auf unterschiedlich hohem Kraftniveau statt.

6.1.2 Einfluß von Nietdurchmesserabweichungen

Aufgrund der auftretenden Schwankungen der Nietdurchmesser ergibt sich im Kraft/Weg-Verlauf eine geänderte Steigung der Hooke'schen Geraden für den Bereich der elastischen Verformung sowie ein unterschiedliches Einsetzen der plastischen Verformung auf unterschiedlichem Kraftniveau (Punkte A, A′ und A″), bedingt durch die unterschiedliche Größe der Kontaktflächen. Das Einsetzen der Fließbehinderung (Punkte B, B′ und B″) erfolgt ebenfalls bei unterschiedlichen Arbeitswegen. Die Beendigung des Nietvorgangs wiederum erfolgt auf unterschiedlichem Kraftniveau beim zurückgelegten Arbeitsweg s_C, wie in Bild 6-2 dargestellt.

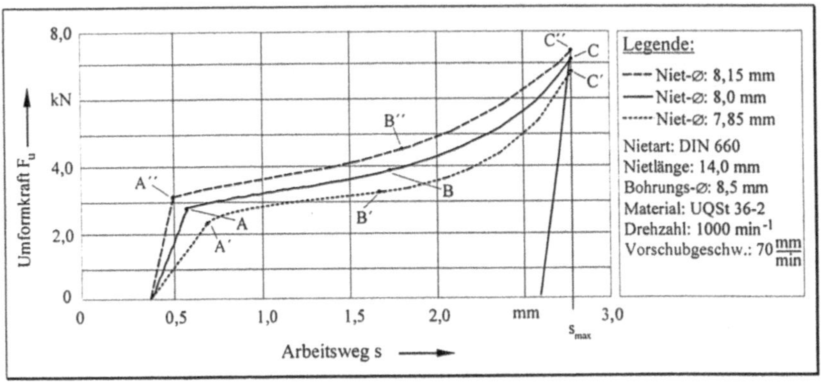

Bild 6-2: Einfluß von Nietdurchmesserabweichungen auf den Kraft/Weg-Verlauf

6.1.3 Einfluß von Nietmaterialabweichungen

Unterschiedliche Materialzusammensetzungen des Nietwerkstoffs innerhalb einzelner Chargen führen zu Abweichungen in den Werkstoffeigenschaften. Auf den Kraft/Weg-Verlauf hat insbesondere die daraus resultierende Abweichung der Fließspannung k_{f0} erhebliche Auswirkungen: im Bereich der plastischen Verformung (Phasen III und IV) findet eine Verschiebung des gesamten Kraftniveaus statt. Diese Verschiebung ist direkt proportional zu der Abweichung der tatsächlich vorliegenden Fließspannung des Nietwerkstoffes vom vorgegebenen Sollwert. Diese Abweichung wird vom Hersteller angegeben.

6.1.4 Einfluß von Bohrungs- und Klemmlängenabweichungen

Bild 6-1 zeigt den Einfluß von Bohrungs- bzw. Klemmlängenabweichungen auf den Kraft/Weg-Verlauf, die Aufgrund fertigungstechnischer Toleranzen bei der Bohrungs- bzw. Basis- und Fügeteilherstellung entstehen. Diese Abweichungen haben zur Folge, daß der Eintritt der Fließbehinderung (Punkte B, B′ und B″) zu unterschiedlichen Arbeitswegen erfolgt und unterschiedliche maximale Umformkräfte beim Arbeitsweg s_C benötigt werden.

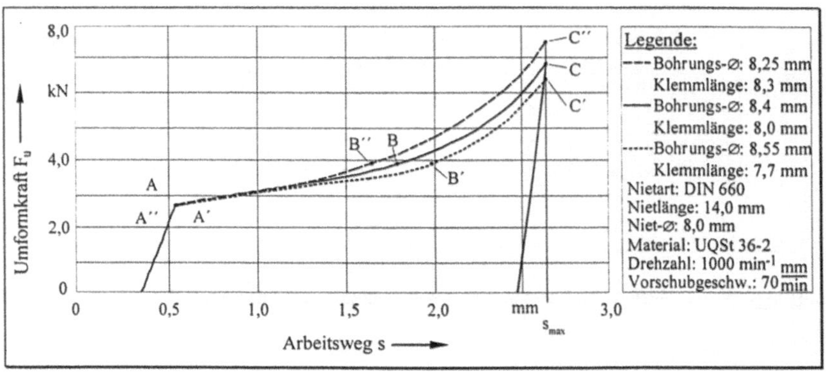

Bild 6-3: Einfluß von Bohrungs- und Klemmenlängenabweichungen auf den Kraft/Weg-Verlauf

6.1.5 Einfluß von Positionierungenauigkeiten

Positionierungenauigkeiten entstehen zum einen durch fertigungstechnische Toleranzen beim Taumelstempel (Längenabweichungen) und beim Niet (Exzentrizität des Nietschaftes) mit der Folge eines Lateralversatzes δ_N zwischen Nietstempel und Nietachse und zum anderen durch exzentrisches Einführen des Niets in die Fügeteilbohrungen, das sich in einem Lateralversatz δ_B zwischen Niet- und Bohrungsachse äußert, wie in Bild 6-4 dargestellt.

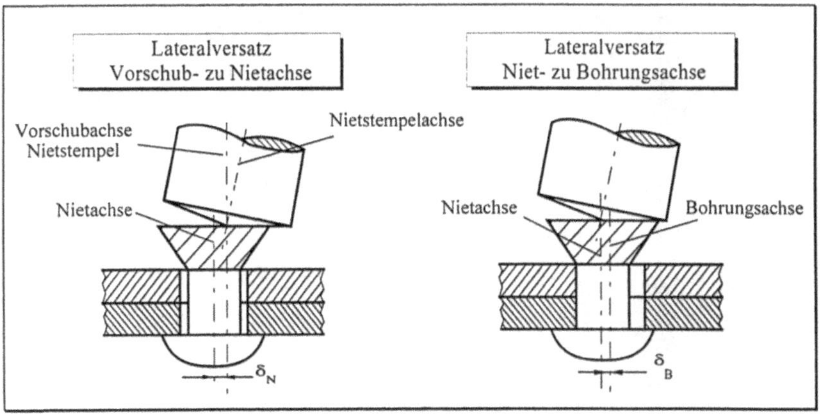

Bild 6-4: Auftretende Positionierungenauigkeiten

Durch den Lateralversatz δ_N setzt der Nietstempel exzentrisch auf der Nietoberfläche auf, so daß während des Nietvorgangs in Richtung des Exentrizitätsvektors $\vec{\delta}_N$ die Kontaktfläche ein Minimum und in entgegengesetzter Richtung ein Maximum annimmt. Betrachtet man die Auswirkungen des Lateralversatzes δ_B, so zeigt sich, daß ab einem bestimmten Zeitpunkt das in Richtung des Exzentrizitätsvektors $\vec{\delta}_B$ gelegene Nietmaterial bereits am Fügeteil anliegt und somit eine Fließbehinderung erfährt, während das gegenüberliegende Material unbehindert verformt wird. In beiden Fällen führt der Lateralversatz zu Schwankungen im Kraftbedarf.

6.2 Klassifizierung der Einflußfaktoren

Die geforderte Funktion der Prozeßüberwachung besteht darin, Auswirkungen von Störfällen zu erkennen und darauf zu reagieren, sowie Auswirkungen von zu tolerierenden Einflüssen zu unterdrücken. Bild 6-5 zeigt eine Auflistung der möglichen Einflußfaktoren, unterteilt in niet-, bauteil- und verarbeitungsspezifische Faktoren, deren Ausprägungen, Ursachen bzw. Auswirkungen sowie eine Klassifizierung in Störfälle oder zu tolerierende Einflüsse.

	Einflußfaktoren	Ausprägung	Ursache	Auswirkung	Klassifizierung		Im Prozeßmodell erfaßt
					Störfall	Toleranzfall	
nietspezifisch	Nietlänge l_N	$l_N > l_{N,max}$	falscher Niet	zu frühes Aufsetzen	X		✓
		$l_N < l_{N,min}$	falscher Niet	zu spätes Aufsetzen	X		✓
		$l_{N,min} \le l_N \le l_{N,max}$	Fertigungs- toleranzen	zeitversetztes Aufsetzen Abw. F_u/s-Verlauf		X	✓
	Nietdurch- messer d_N	$d_{N,max} < d_N < d_B$	falscher Niet	höhere Umformkräfte	X		✓
		$d_N > d_B$	falscher Niet	Nieteinführung in BT-Bohrung unmöglich	X		✓
		$d_N < d_{N,max}$	falscher Niet	geringe Umformkräfte	X		✓
		$d_{N,min} \le d_N \le d_{N,max}$	Fertigungs- toleranzen	Abweichung F_u/s-Verlauf		X	✓
	Nietmaterial	$k_{f0} > k_{f0,max}$	falsches Nietmaterial	Abweichung F_u/s-Verlauf	X		✓
		$k_{f0} < k_{f0,min}$	falsches Nietmaterial	Abweichung F_u/s-Verlauf	X		✓
		$k_{f0,min} \le k_{f0} \le k_{f0,max}$	Herstell- toleranzen	Abweichung F_u/s-Verlauf		X	✓
basisteilspezifisch	Klemmlänge l_k	$l_k > l_{k,max}$	BT falsch oder defekt	Abweichung F_u/s-Verlauf	X		✓
		$l_k < l_{k,min}$	BT fehlt oder defekt	Abweichung F_u/s-Verlauf	X		✓
		$l_{k,min} \le l_k \le l_{k,max}$	Fertigungs- toleranzen	Abweichung F_u/s-Verlauf		X	✓
	Bohrungs-Ø d_B	$d_{B,min} \le d_B \le d_{B,max}$	Fertigungs- toleranzen	Abweichung F_u/s-Verlauf		X	✓
verarbeitungsspezifisch	Lateralversatz Niet- zu Bohrungsachse	$\delta_B \ge \frac{1}{2}(d_B - d_N)$	Positionierun- genauigkeiten	Nieteinführung. in BT-Bohrung unmöglich	X		✓
		$\delta_B \le \frac{1}{2}(d_B - d_N)$	Positionierun- genauigkeiten	Schwankungen im F_u/s-Verlauf		X	
	Lateralversatz Taumel- zu Nietachse	$\delta_N \le \delta_{N,max}$	Fertigungstol. Nietstempel, (Ex- zentrizität) Niet	Schwankungen im F_u/s-Verlauf		X	

Bild 6-5: Klassifizierung störfall- und toleranzbedingter Einflußfaktoren

Die als Toleranzfall klassifizierten Einflüsse auf den Kraft/Weg-Verlauf bestimmen den Verlauf der oberen und unteren Hüllkurve. Die nicht im analytischen Berechnungsmodell berücksichtigten Lateralversätze δ_N und δ_B sind bei der Vorberechnung der Hüllkurven zu berücksichtigen. Hierzu sind diese zu quantifizieren, um entsprechende Korrekturen zur Anpassung der vorberechneten Hüllkurven vornehmen zu können.

6.3 Quantifizierung der analytisch nicht berücksichtigten Einflußfaktoren

Der maximal auftretende Lateralversatz $\delta_{B,\,max}$ zwischen Niet- und Bohrungsachse läßt sich in Abhängigkeit der jeweils vorliegenden Geometrieverhältnisse wie folgt definieren:

$$\delta_{B,\,max} = \frac{(d_{B,\,max} - d_{N,\,min})}{2} \quad . \tag{49}$$

Der auftretende Lateralversatz δ_N wird verursacht zum einen durch Längentoleranzen des Nietstempels, die ausgedrückt werden durch

$$\delta_{N,\,1} = \left|\Delta l_{st} \cdot \sin\gamma\right| \tag{50}$$

und zum anderen durch die Exzentrizität des Nietschaftes. Wie Bild 6-6 zeigt, kann für den maximal auftretenden Exzentrizitätswinkel κ angesetzt werden:

$$\kappa = \arcsin\frac{\left(d_B - \dfrac{d_N}{\cos\kappa}\right)}{\left(l_s - \dfrac{d_N}{2}\cdot\tan\kappa\right)} \quad . \tag{51}$$

Für die x-Koordinate des Achsenschnittpunktes R gilt:

$$x = \frac{1}{2}\cdot\left(\frac{d_B}{\tan\kappa} - \frac{d_N}{\sin\kappa}\right) \tag{52}$$

und somit für

$$\delta_{N,\,2} = \left|l_s - \frac{x}{\cos\kappa}\right| \tag{53}$$

bzw.

$$\delta_{N,2} = \left| l_s \cdot \sin\kappa - \frac{1}{2} \cdot (d_B - d_N) \right| . \tag{54}$$

Der Gesamtlateralversatz δ_N ergibt sich aus (50) und (54) zu

$$\delta_N = \left| \Delta l_{st} \cdot \sin\gamma \right| + \left| l_s \cdot \sin\kappa - \frac{1}{2} \cdot (d_B - d_N) \right| . \tag{55}$$

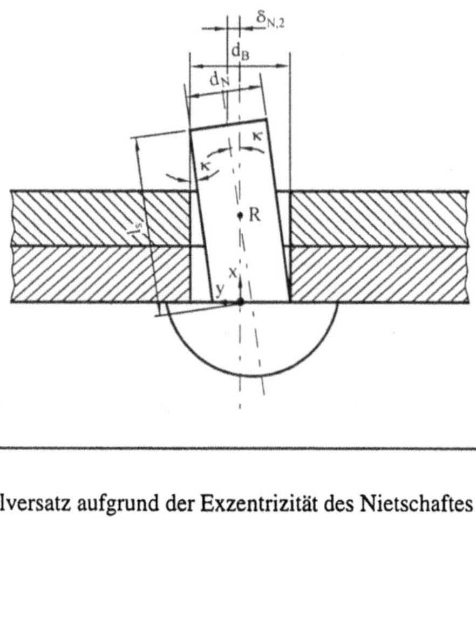

Bild 6-6: Lateralversatz aufgrund der Exzentrizität des Nietschaftes (Fertigungstoleranz)

6.4 Erzeugung der oberen und unteren Hüllkurve

Auf der Basis des in Kapitel 5 ermittelten Berechnungsmodells für den Taumelnietvorgang lassen sich die für die Prozeßüberwachung benötigte obere und untere Hüllkurve vorberechnen, indem die benötigten Extremwerte $l_{N,\,max}$, $d_{N,\,max}$, $k_{f,\,max}$, $l_{k,\,max}$ und $d_{B,\,min}$ für die obere bzw. $l_{N,\,min}$, $d_{N,\,min}$, $k_{f,\,min}$, $l_{k,\,min}$ und $d_{B,\,max}$ für die untere Hüllkurve eingesetzt werden. Eine Berücksichtigung der durch den Lateralversatz δ_N bzw. δ_B verursachten Schwankungen im Kraftbedarf erfolgt näherungsweise dadurch, daß für die vorberechneten oberen und unteren Hüllkurven jeweils ein Toleranzband in Abhängigkeit von δ_N und δ_B berechnet wird. Mit Hilfe des Lateralversatzes δ_N lassen sich die Extremwerte der Kontaktfläche und somit der Umformkräfte bestimmen. Das durch den Lateralversatz δ_B bedingte Einsetzen der Fließbehinderung zu unterschiedlichen zurückgelegten Arbeitswegen läßt sich durch das Berechnen der Kraft/Weg-Verläufe mit fiktiven Bohrdurchmessern d_B^* abschätzen. Bei maximalem Versatz von Niet- zu Bohrungsachse liegt der Nietschaft in Richtung des Exzentrizitätsvektors $\vec{\delta}_B$ am Bauteil an. Es gilt an dieser Stelle:

$$d_B^* = d_N \ . \tag{56}$$

In entgegengesetzter Richtung des Exzentrizitätsvektors hingegen gilt:

$$d_B^* = 2 \cdot d_B - d_N \ . \tag{57}$$

Durch Einsetzen der ermittelten Extremwerte für die Kontaktfläche bzw. die fiktiven Bohrungsdurchmesser lassen sich die Schwankungen des Kraftbedarfs abschätzen und bei der Prozeßüberwachung in Form von Toleranzbändern berücksichtigen. Der zu überwachende Bereich der Umformung erstreckt sich von Beginn der Umformung (Phase I/II) bis zum Ende der Ausformung des Nietkopfes (Phase IV) bzw. bis zum Erreichen des maximalen Vorschubweges s_{max}. Bild 6-7 zeigt ein Beispiel für die Erzeugung der oberen und unteren Hüllkurven sowie des Toleranzbandes.

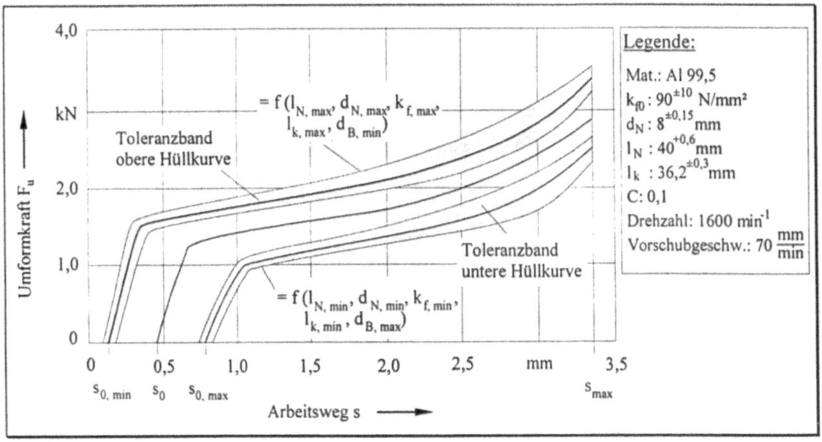

Bild 6-7: Beispiele für Hüllkurven und Toleranzband

7 Versuchsaufbau zum flexibel automatisierten Taumelnieten

7.1 Aufbau des Gesamtsystems und der entwickelten Teilsysteme

7.1.1 Gesamtsystem

Wie Bild 7-1 zeigt sind die Teilsysteme Handhabungs-, Positionier-, Füge- und Prozeßüberwachungssystem sowie die notwendigen Teilsysteme für das Bereitstellen sowie Spannen der Basis- und Fügeteile in Form einer Montagezelle integriert. Der eingesetzte Industrieroboter Bosch SR 800 hat die Aufgabe mit Hilfe des Greifers Basis- und Fügeteile zu handhaben, in die Spannvorrichtung einzulegen und zu positionieren.

① Bosch SR-800 turbo SCARA
② Flex.Taumelnietwerkzeug
③ Spannvorrichtung
④ Teilebereitstellung
⑤ Nietvereinzelung
⑥ Taumelkopfablage
⑦ Greifer mit integrierter CCD-Kamera

Bild 7-1: Aufbau des Gesamtsystems

Mit Hilfe des Taumelnietwerkzeuges werden vom Industrieroboter anschließend die Niete aus der Vereinzelungseinrichtung entnommen und gehalten, in die zu vernietenden Bauteile eingeführt und die Nietung durchgeführt. Das automatische Umrüsten des Taumelnietwerkzeuges, d.h. das Wechseln von Taumelkopf mit Nietstempel bzw. Gegenhalter, wird jeweils durch senkrechtes Einfahren von oben in geeignete Taumelkopf- bzw. Gegenhalterablagen ebenfalls mit dem Industrieroboter durchgeführt. Verdeckt bzw. nicht dargestellt sind in Bild 7-1 die Industrieroboter- und die Taumelnietwerkzeugsteuerung sowie die Bildauswerteeinheit.

7.1.2 Handhabungs- und Positioniersystem

In Bild 7-2 ist der Aufbau des Handhabungs- und Positioniersystems dargestellt.

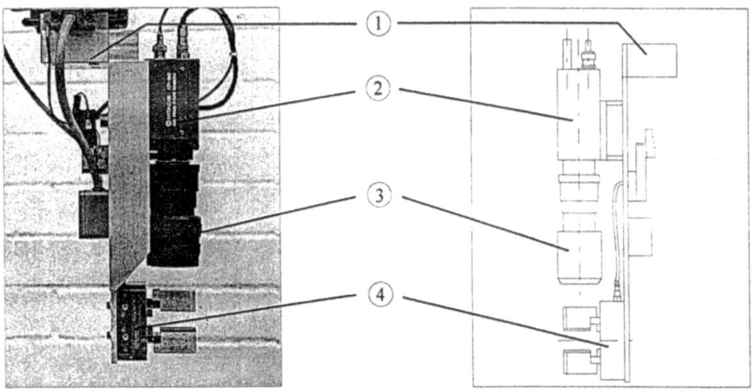

(1) Greiferwechselsystem GWS
(2) CCD-Kamera
(3) Makroobjektiv
(4) pneumat. Parallelbackengreifer

Bild 7-2: Aufbau des Handhabungs- und Positioniersystem

Das Handhabungs- und Positioniersystem besteht im wesentlichen aus folgenden Komponenten:

- vierachsiger SCARA-Roboter SR-800 mit Robotersteuerung RS82, ausgestattet mit Greiferwechselsystem GWS20,
- umrüstbarer, pneumatisch betätigter Parallelbackengreifer mit senkrecht zu den Greifflächen angeordneter CCD-Kamera (Auflösung: 1024 x 1024 Pixel bei 256 Graustufen), ausgestattet mit Makroobjektiv (35 mm, 1:2,8) zur Feinpositionierung von Füge- zu Basisteil,
- Bildauswerteeinheit, bestehend aus einem IBM-kompatiblen Personalcomputer, Bildauswertekarte und -software sowie digitaler Ein-/Ausgangskarte zur Bildverarbeitung bzw. -auswertung sowie zur Kommunikation mit der Robotersteuerung RS82,
- Beleuchtungseinrichtungen, die unterhalb der Bereitstellungseinrichtung für die Basis- und Fügeteile bzw. der Spannvorrichtung angebracht sind, zur Erzeugung von diffusem Streulicht (Durchlichtverfahren), um ein kontrastreiches, von der Umgebungshelligkeit unbeeinflußtes Kamerabild zu erhalten.

Der prinzipielle Ablauf des Handhabungs- und Positioniervorgangs sowie die Verteilung der durchzuführenden Teilfunktionen auf die einzelnen Teilsysteme IR bzw. IR-Steuerung, Greiferkamera und Bildauswerteeinheit ist in Bild 7-3 dargestellt.

Die Auswertung der aufgenommenen Bilder der Kamera erfolgt auf einem selbständigen Personalcomputer, der über digitale Ein- und Ausgänge mit der Robotersteuerung kommuniziert. Hierbei wird der Verschiebevektor $\vec{\delta}_R$ in Pixel ermittelt und dessen Richtung und Betrag in Form eines digitalen 10-Bit Wortes an die Robotersteuerung übertragen, die die Berechnung des Korrekturvektors $\vec{\delta}_R^*$ in Raumkoordinaten und die Korrekturbewegung zur Feinpositionierung durch Verschieben des Fügeteils um $\vec{\delta}_R^*$ mit Hilfe des am Industrieroboter angebrachten Greifsystems vornimmt.

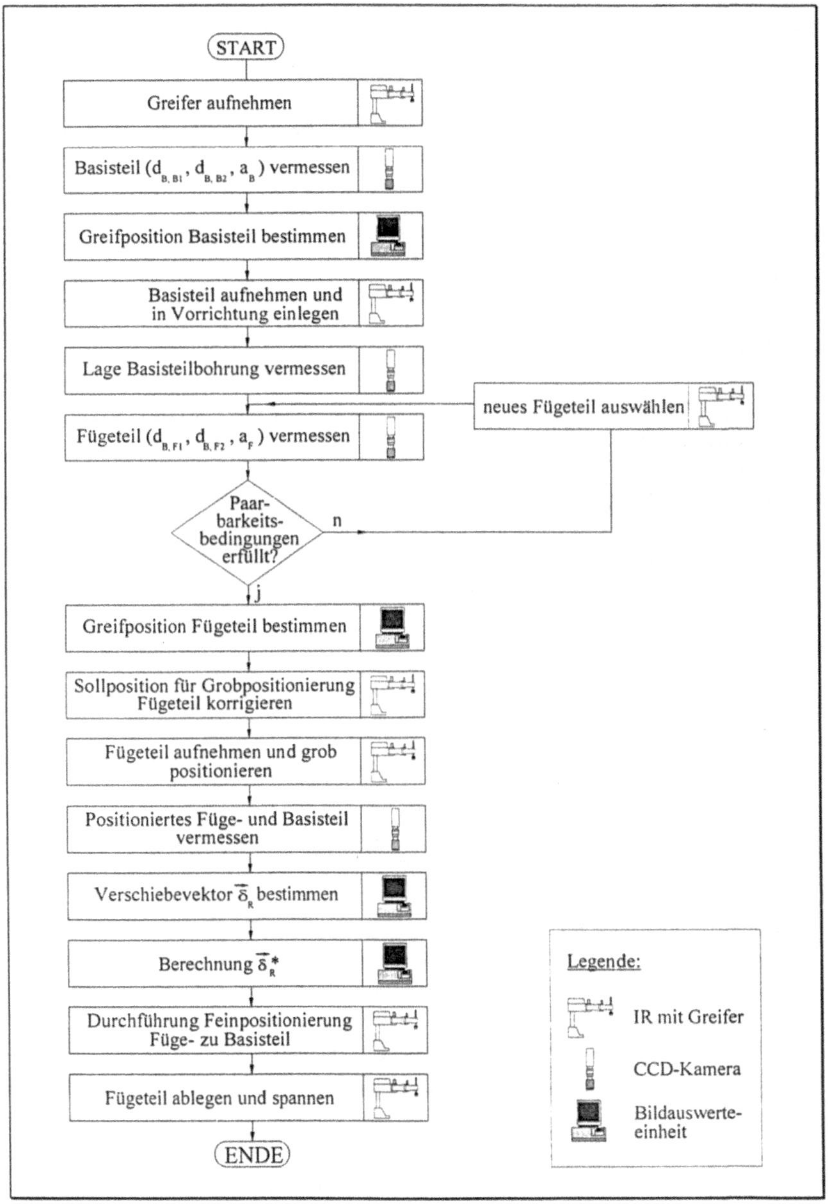

Bild 7-3: Ablauf des Handhabungs- und Positioniervorgangs

7.1.3 Fügesystem

Der Hauptbestandteil des Fügesystems - das Taumelnietwerkzeug und dessen Aufbau - ist in Bild 7-4 dargestellt.

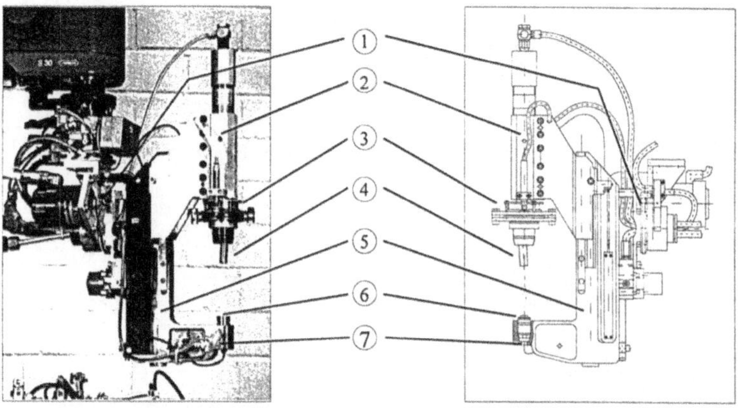

(1) integrierte WZ-Drehachse
(2) hydraulisch bewegter Schlitten mit pneumatischem Taumelantrieb
(3) Taumelkopfwechselsystem
(4) Taumelkopf mit Nietstempel
(5) L-Bügel
(6) Gegenhalter
(7) DMS-Kraftmeßdose

Bild 7-4: Aufbau des Taumelnietwerkzeugs

Aufgebaut ist das Taumelnietwerkzeug als L-förmiger Bügel, in dem sich der automatisch wechselbare Gegenhalter zur Nietaufnahme befindet, mit einem am L-Bügel geführten Schlitten, dessen Vorschubbewegung hydraulisch erzeugt wird und der seinerseits den ebenfalls automatisch auswechselbaren Taumelkopf und dessen pneumatischen Antrieb zur Erzeugung der rotatorischen Taumelbewegung aufnimmt. Die integrierte Drehachse ermöglicht ein Schwenken des Taumelnietwerkzeugs um ± 140°. Der vorhandene Hub des Schlittens von 100 mm erlaubt die Verarbeitung von Nietlängen bis zu 40 mm. Ebenso erlaubt die Auslegung des Hydraulikzylinders eine Umformkraft von bis zu 7 kN, so daß beispielsweise bei Vollnieten mit einem Durchmesser (Material UQSt 36-2) von bis zu acht Millimetern Senkköpfe geformt werden können.

7.1.4 Prozeßüberwachungssystem

Zur Steuerung und Überwachung des Taumelnietprozesses wird hardwareseitig ein IBM-kompatibler Personalcomputer mit 12-bit-D/A- bzw. A/D-Wandlerkarten, Taktgenerator und Frequenzzähler sowie geeignete Sensorik (DMS-Kraftmeßdose, Linearpotentiometer, Näherungsschalter, Verstärker) eingesetzt. Bild 7-5 zeigt den Aufbau des Prozeßüberwachungssystems.

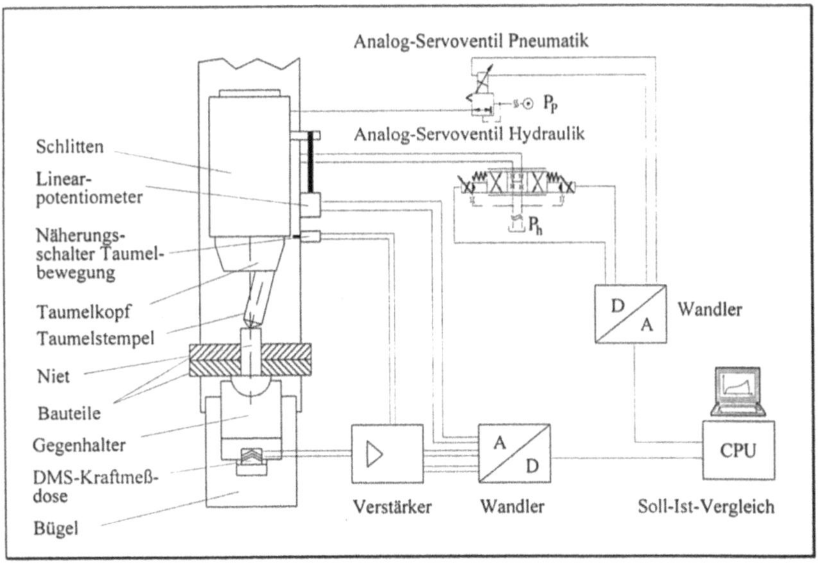

Bild 7-5: Aufbau des Prozeßüberwachungssystems

Als Software wird das eigens entwickelte, unter MS-Windows lauffähige Turbo-Pascal Programm NITRON eingesetzt. Bild 7-6 zeigt die Funktionsmodule des Programms NITRON, die den Hauptfunktionsgruppen Hand-, Einricht- und Automatikbetrieb zugeordnet sind. Im Einrichtbetrieb werden die zur Erzeugung der Hüllkurven erforderlichen Daten, wie z.B. Nietabmessungen und -materialien, Bohrungsdurchmesser und Klemmlänge, Verarbeitungsparameter, und deren maximal zulässige Abweichungen eingegeben und anschließend die Hüllkurven vorberechnet. Aufgrund der im Einrichtbetrieb erhaltenen Meßergebnisse können die Hüllkurven vom Einrichtpersonal gegebenenfalls manuell angepaßt werden.

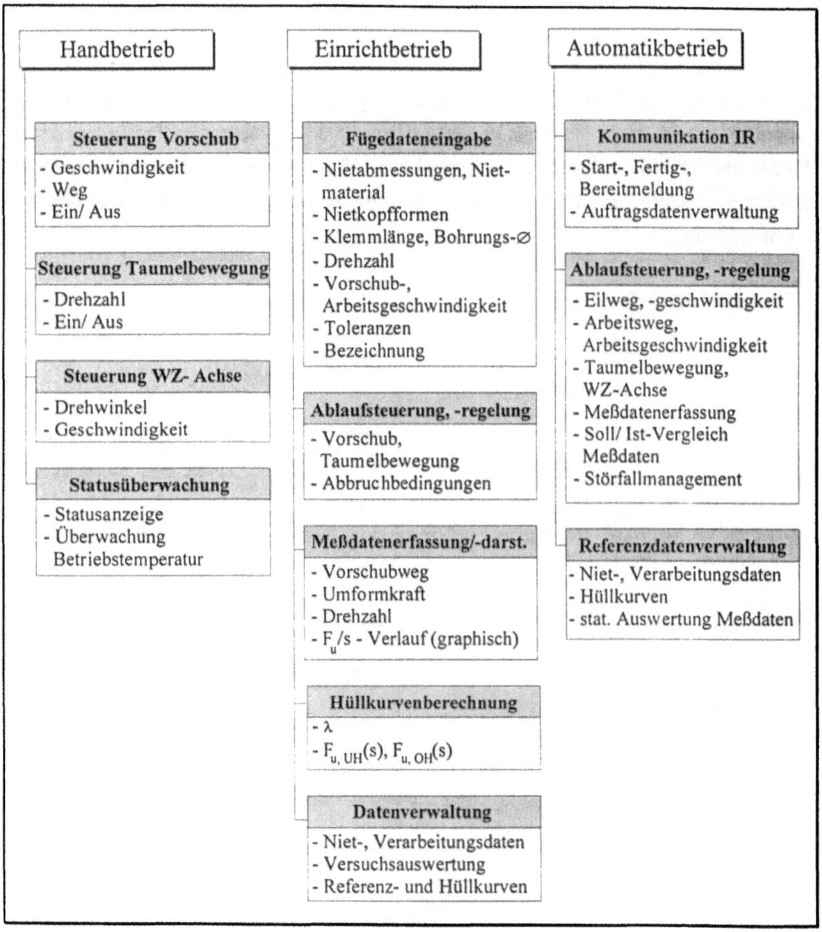

Bild 7-6: Funktionsmodelle des Programms NITRON

In Bild 7-7 ist eine Bildschirmoberfläche mit Fenstern für den Handbetrieb des Taumelnietwerkzeugs und die Meßdatenerfassung bzw. -darstellung aufgezeigt. Im Fenster "Meßdatenerfassung" sind beispielhaft die Hüllkurven sowie die Meßkurven für den Kraft/Weg-Verlauf sowie für den Drehzahl/Weg-Verlauf dargestellt.

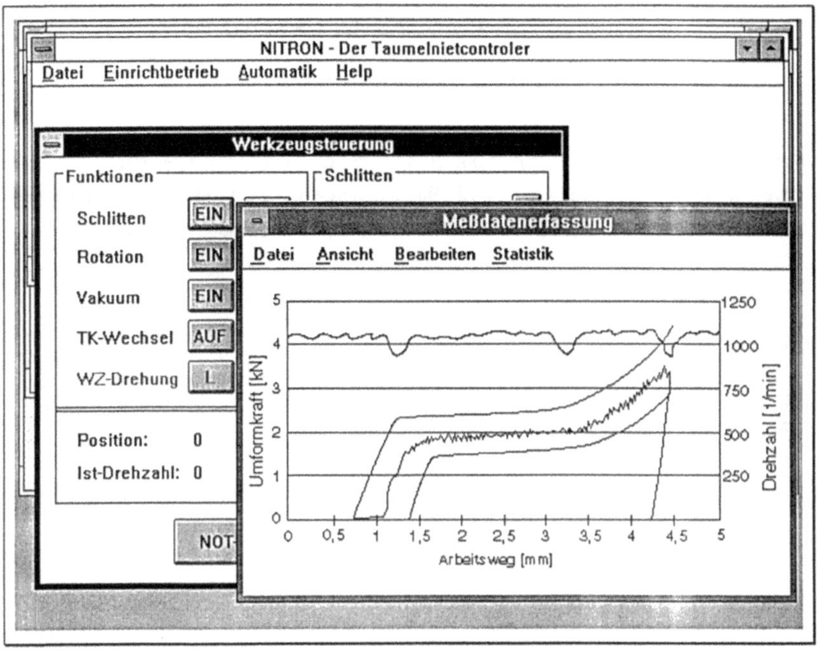

Bild 7-7: Beispielhafte Bildschirmoberfläche des Programms NITRON

7.2 Experimentelle Untersuchungen

Zur Überprüfung der Ergebnisse der analytischen Untersuchungen des Taumelnietprozesses sind experimentelle Untersuchungen über F_u/s-Verläufe durchzuführen. Zunächst sind aber die Korrekturfaktoren für die Anpassung des Berechnungsmodells an das tatsächliche Werkstoffverhalten und für den Einfluß des auftretenden Lateralversatzes experimentell zu ermitteln.

7.2.1 Ermittlung der Korrekturfaktoren für den Bereich der elastischen Verformung

Aus den durchgeführten Meßreihen lassen sich für die untersuchten Nietmaterialien und -durchmesser die Kurvensteigung dF_u/ds für den Bereich der rein elastischen Verformung (Phase II) ermitteln. In Bild 7-8 sind die Ergebnisse dieser Auswertung dargestellt.

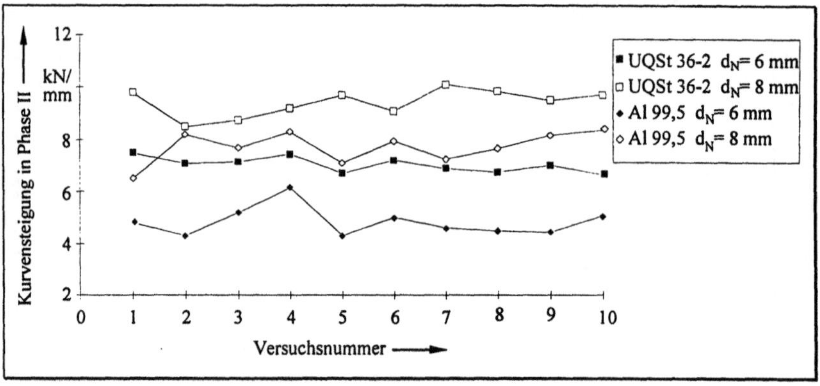

Bild 7-8: Gradienten der elastischen Verformung

Hieraus ergeben sich basierend auf Gleichung (8) die Korrekturfaktoren C für die Phase II (elastisches Verformen des Niets) des Taumelnietvorgangs, die die Anteile der plastischen Verformung berücksichtigen. Für die am häufigsten verwendeten Nietmaterialien UQSt 36-2 und Al 99,5 ergeben sich folgende Werte für die Korrekturfaktoren:

$C_1 = 0{,}045$ für den Werkstoff UQSt 36 - 2 bzw.

$C_2 = 0{,}1$ für den Werkstoff Al 99,5

Die Ermittlung der Werte für die Korrekturfaktoren alternativer Nietwerkstoffe kann in analoger Weise erfolgen.

7.2.2 Vergleich analytisch und experimentell ermittelter Kraft/Weg-Verläufe

Experimentell und analytisch ermittelte Kraft/Weg-Verläufe für unterschiedliche Materialien, Nietgeometrien und Verarbeitungsparameter sind beispielhaft in Bild 7-9 gegenübergestellt.

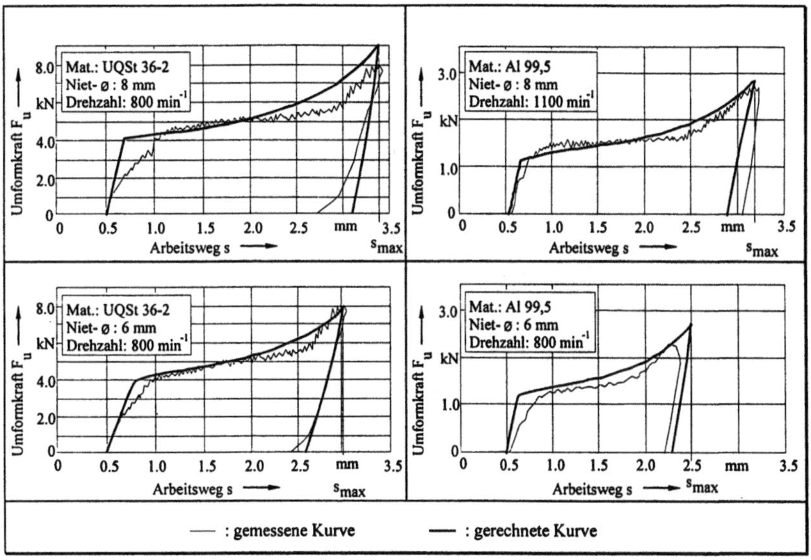

Bild 7-9: Gegenüberstellung berechneter und gemessener Kurvenverläufe

Hieraus lassen sich folgende Erkenntnisse ableiten:

- Die experimentell ermittelten Kraft/Weg-Verläufe können in weiten Teilen des Kurvenverlaufs durch das analytische Berechnungsmodell des Fügevorgangs in guter Näherung beschrieben werden. Die prinzipielle Eignung des Berechnungsmodells zur Erzeugung der für die Prozeßüberwachung erforderlichen Hüllkurven ist somit gegeben.
- Abweichungen zwischen berechneten und gemessenen Kraft/Weg-Verläufen treten im Bereich der Phase II auf, indem das nicht ideal elastisch-plastische Werkstoffverhalten durch Korrekturfaktoren angenähert wird. Diese sind im Betrieb gegebenenfalls manuell vom Einrichtpersonal durch Verändern des berechneten Kurvenverlaufs zu eliminieren.
- Durch das teilplastische Verformen des Niets bereits in der Phase II findet ebenfalls bereits eine Durchmesservergrößerung des Nietkopfes statt, so daß die Durchmesserver-

- größerung in der eigentlichen Phase III (Bereich der unbehinderten plastischen Verformung) geringer als im Berechnungsmodell angenommen ausfällt. Daher weist der gemessene Kraftverlauf in Phase III eine leicht geringere Steigung auf. Die Abweichungen sind sehr gering und können bei der Erzeugung der Hüllkurven vernachlässigt werden.
- Aufgrund der Elastizität des Basisteilmaterials setzt der Anstieg der erforderlichen Umformkraft zu Beginn der Fließbehinderung (Phase IV) bei den gemessenen Kurvenverläufen geringfügig später ein, insbesondere, wenn Niete mit höherer Festigkeit Basis- und Fügeteile geringerer Festigkeit verbinden. Da jedoch das Verbindungselement Niet geringere Festigkeiten als die zu verbindenden Basis- und Fügeteile aufweist, ist dieser Einfluß sehr gering und daher vernachlässigbar.

7.3 Erprobung des Versuchaufbaus

7.3.1 Auswahl der Montageaufgabe

Zur Erprobung der entwickelten Verfahren und Werkzeuge zur vollautomatischen Herstellung von Taumelnietverbindungen ist zunächst eine geeignete Montageaufgabe auszuwählen. Ausgewählt wird ein Spannhebel (Bild 7-10) mit relativ zueinander beweglichen Einzelteilen.

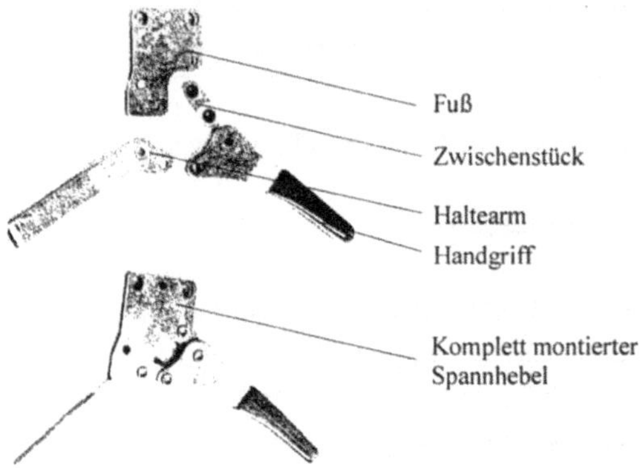

Merkmale:

Niet-Mat.: UQSt 36-2
$d_{N,\,max}$: 6,38 mm
$d_{N,\,min}$: 6,33 mm
$d_{B,\,max}$: 6,46 mm
$d_{B,\,min}$: 6,41 mm
$D_{F,\,min}$: 0,03 mm

Bild 7-10: Ausgewählte Montageaufgabe

Darüber hinaus sind aufgrund der geforderten hohen Haltekräfte und -momente, die über die Nietverbindungen übertragen werden, geringe Fügespiele vorgegeben. Erreicht werden diese durch die Fertigung der Niete als Drehteil sowie durch Einsetzen von Präzisionsbuchsen in die Basis- und Fügeteile.

7.3.2 Versuchsergebnisse

Die wichtigsten Versuchsergebnisse, nämlich Fehlerhäufigkeiten, Störfallerkennung und Taktzeitanalyse, erlauben Aussagen über die Funktionshäufigkeit der entwickelten Verfahren und Werkzeuge sowie deren wirtschaftliche Einsatzgrenzen.

7.3.2.1 Fehlerhäufigkeiten

Im Versuchsbetrieb wurden 200 komplette Testzyklen durchgeführt und eine Fehlerhäufigkeit von insgesamt 23,5 % festgestellt. Bild 7-11 zeigt eine detaillierte Aufstellung der festgestellten Störursachen, aus der ersichtlich wird, daß ein großer Teil der aufgetretenen Störungen nicht auf die entwickelten Funktionsprinzipien, Verfahren und Werkzeuge, sondern auf den "Prototypcharakter" einzelner Teilkomponenten, insbesondere der Spannvorrichung und des Parallelbackengreifers, zurückzuführen ist. Darüber hinaus bringt die Qualität der eingesetzten Niete erhebliche Probleme bei der Bereitstellung und Vereinzelung mit sich. Eine Optimierung der Konstruktion einzelner Teilkomponenten sowie eine für die Automatisierung geeignete Wahl der Toleranzen beim Niet, hauptsächlich bei den Setzkopfabmessungen, läßt eine Reduzierung der Fehlerhäufigkeiten erwarten.

Trotz der hohen Anforderungen der vorliegenden Montageaufgabe an die Positionierung von Basis- und Fügeteil liegt der Anteil der Störungen, die auf nicht ausreichend exakt zueinander positionierte Bauteile zurückzuführen sind, mit einem Wert von 2 % in einer zu erwartenden Größenordnung. Da die Anforderungen an die Positioniergenauigkeit aufgrund größerer Fügespiele und Toleranzen im Normalfall wesentlich niedriger sind, ist auch hier eine deutlich niedrigere Fehlerhäufigkeit zu erwarten. Dies gilt ebenfalls für das Einführen des Niets in die positionierten und gespannten Bauteile. Der Anteil fehlerhaft vernieteter Bauteile liegt mit

0,5 % deutlich unter üblichen Durchschnittswerten bei konventionellen Taumelnieteinrichtungen, die in der Größenordnung von 1 - 3 % liegen.

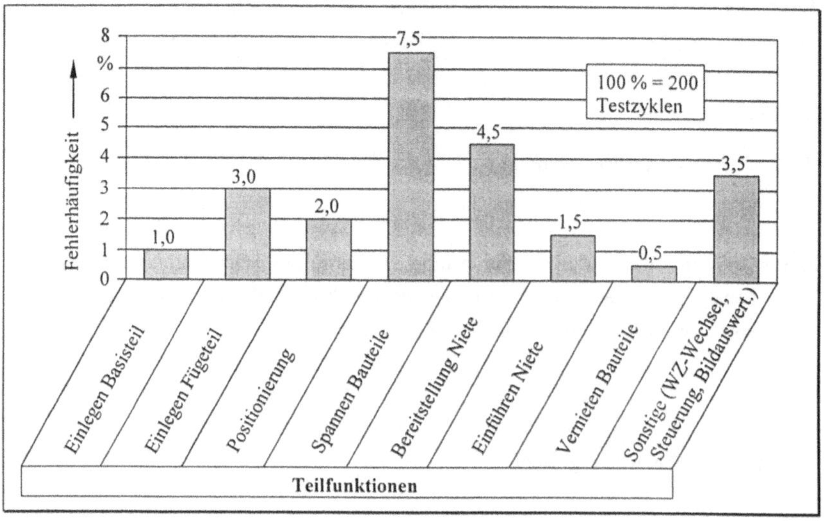

Bild 7-11: Fehlerhäufigkeit einzelner Teilsysteme

7.3.2.2 Störfallerkennung

Zur Überprüfung der Eignung der entwickelten Prozeßüberwachung für das Taumelnieten werden die einzelnen in Kapitel 6.2.1 beschriebenen Störfälle gezielt herbeigeführt. Die Ergebnisse dieser Tests zeigt Bild 7-12. Sicher erfaßt werden können Niete mit Längenabweichungen, die außerhalb der vorgegebenen Längentoleranzen liegen, sowie Störfälle, bei denen eine Nieteinführung in die Bauteilbohrung unmöglich ist, über eine Überwachung der Fügekräfte beim Einführen des Niets in die Bohrung. Weicht der Nietdurchmesser mehr als 1 mm vom vorgegebenen Maß ab, so wird dieser Störfall in 90 - 95 % der auftretenden Fälle erkannt. Werden hingegen Niete gleicher Abmessungen aus unterschiedlichen Materialien verarbeitet, so werden fehlerhafte Niete nur bei Materialien, deren Fließspannung k_{f0} sich deutlich von den vorgegebenen Sollwerten (± 25 %) unterscheidet, als solche erkannt. Abweichung in der Klemmlänge aufgrund fehlender oder falscher Bauteile können, da größere Abweichungen auftreten, sicher erkannt werden, während minimale Abweichungen vom vorgegebenen Maß nur eingeschränkt (± 55 - 60 %) erkannt werden.

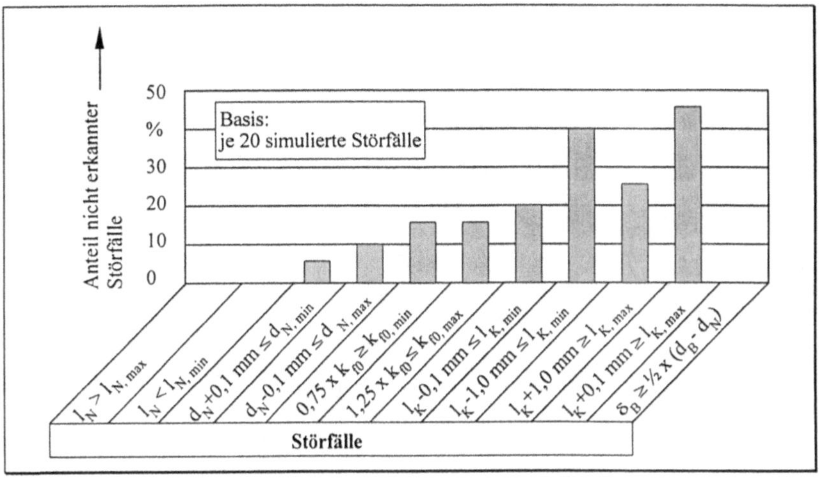

Bild 7-12: Wahrscheinlichkeit nicht erkannter Störfälle

7.3.2.3 Taktzeitanalyse

Die durchgeführte Taktzeitanalyse (Bild 7-13) zeigt, daß die benötigte Prozeßzeit für das Fügen zweier Bauteile mit 6,6 % einen geringen Anteil an der Gesamttaktzeit ausmacht. Neben dem Wechsel der Endeffektoren (Greifer, Taumelnietwerkzeug) sowie dem Handhaben und Spannen der Füge- und Fügehilfsteile nimmt insbesondere das Vermessen der Bauteilbohrungen und das sich anschließende Positionieren einen hohen Anteil an der Gesamttaktzeit in Anspruch. Eine Reduzierung dieses Taktzeitanteils läßt sich durch den Einsatz von leistungsfähigeren Bildverarbeitungskarten und Personalcomputern erreichen. Darüber hinaus läßt sich die benötigte Taktzeit durch optimierte Verfahrgeschwindigkeiten und -wege sowie eine vereinfachte Auslegung der Ablagen von Greifer und Taumelnietwerkzeug weiter reduzieren. Durch die Auslegung des Versuchaufbaus als Montagezelle nimmt der erforderliche Wechsel der Endeffektoren einen sehr hohen Anteil an der Geamttaktzeit in Anspruch. Eine arbeitsteilige Aufteilung der Montageinhalte auf zwei oder mehrere Stationen ermöglicht einen Verzicht auf die aufwendigen Wechselvorgänge.

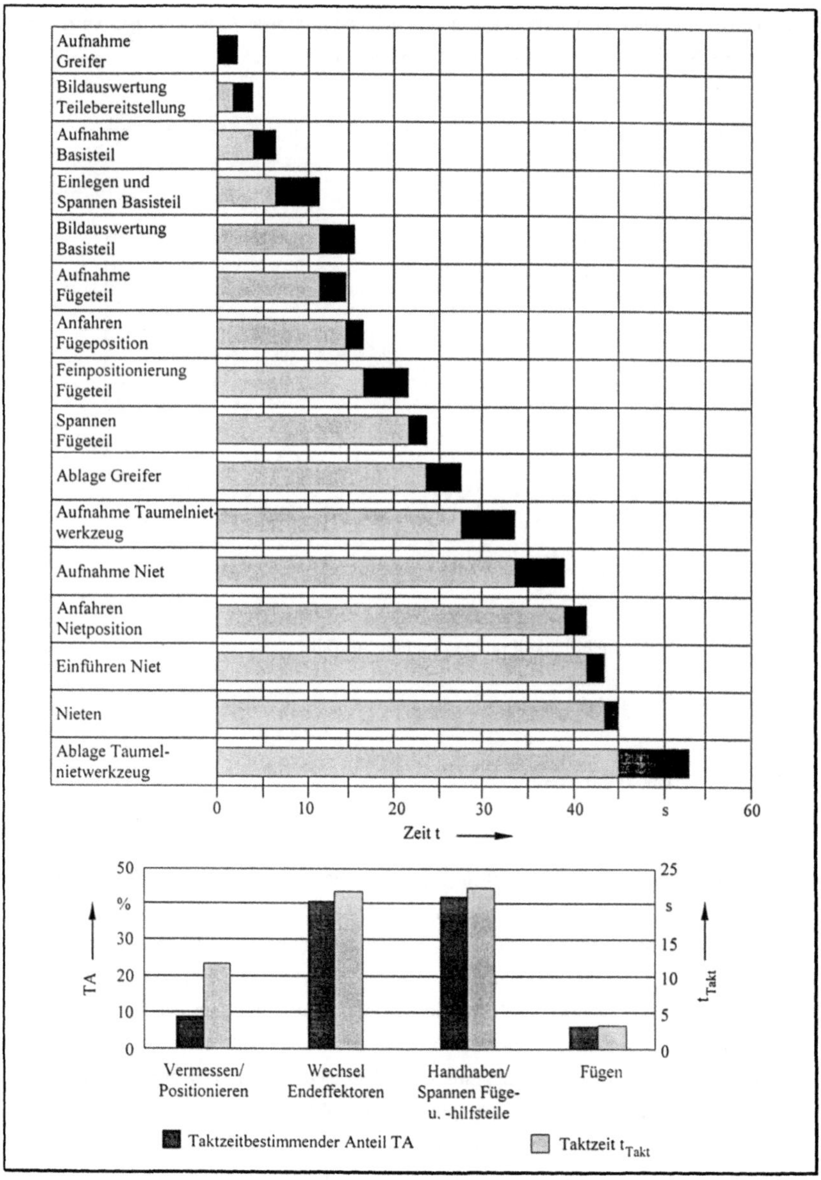

Bild 7-13: Taktzeitanteile wichtiger Teilfunktionen

7.3.2.4 Folgerungen aus den Versuchen

Die durchgeführten Versuche zeigen, daß mit den entwickelten Verfahren und Werkzeugen eine durchgängig flexibel automatisierte Herstellung von Taumelnietverbindungen möglich ist. Die entwickelten Verfahren zur Paarbarkeitsbestimmung sowie zur Feinpositionierung von vorgelochten Basis- und Fügeteilen erweisen sich, selbst bei relativ kleinen Fügespielen, als funktionssicher. Durch das optische Vermessen der feinpositionierten Basis- und Fügeteile werden die Toleranzen der Werkstückaufnahmen und Bauteilbohrungen eliminiert, so daß in Verbindung mit dem Greifen des Niets am Schaft ein sicheres Einführen des Niets in die Bauteilbohrungen gewährleistet ist. Eine Erhöhung der Verfügbarkeit beim Einführen des Niets kann durch entsprechende Gestaltung der Basis- und Fügeteile sowie des Niets, z.B. durch Anbringen von Einführschrägen, erzielt werden.

Mit dem entwickelten Taumelnietwerkzeug, dem Hauptbestandteil des Fügesystems, ist ein Herstellen von Nietverbindungen mit Senkköpfen bis zu einem Nietnenndurchmesser von bis zu 8 mm (Material: UQSt 36-2) möglich. Der Wechsel der nietspezifischen Teilsysteme des Taumelnietwerkzeugs, nämlich Taumelkopf und Gegenhalter, erfolgt mit ausreichender Verfügbarkeit, kann aber durch konstruktive Umgestaltungsmaßnahmen an den jeweiligen Ablagen optimiert werden.

Darüber hinaus zeigt sich, daß zum einen das entwickelte Berechnungsmodell für den Taumelnietprozeß mit den experimentell ermittelten Korrekturfaktoren in guter Näherung die Beschreibung des Kraft/Weg-Verlaufes beim Taumelnieten ermöglicht und somit eine schnelle Erstellung der zur Prozeßüberwachung benötigten Hüllkurven im Einrichtbetrieb gewährleistet und zum anderen mit Hilfe des entwickelten Verfahrens zur Prozeßüberwachung die wesentlichen Störfälle im Nietprozeß erkannt werden und auf dieser Basis geeignete Störfallstrategien durchgeführt werden können.

Betrachtet man die bei der Erprobung der entwickelten Verfahren und Werkzeuge erforderlichen Taktzeiten, so erscheint eine Optimierung der Taktzeiten durch Einsatz leistungsfähigerer Komponenten und verbesserte Auslegung einzelner Teilsysteme möglich, so daß eine erhebliche Verbesserung der Wirtschaftlichkeit erzielt werden kann /36/.

8 Zusammenfassung und Ausblick

Bei der Herstellung von Nietverbindungen nach dem Taumelnietprinzip, das zukünftig in einigen Branchen verstärkt eingesetzt werden wird /7/, existieren erhebliche Automatisierungsdefizite, da bislang nur das Umformen des Niets sowie teilweise das Vereinzeln und Zuführens des Niets automatisiert durchgeführt werden. Basierend auf einer repräsentativen Analyse der produkt- und produktionstechnischen Randbedingungen sowie einer Anwenderbefragung in ausgewählten Branchen wurden im Rahmen der vorliegenden Arbeit zunächst die wichtigsten Automatisierungshemmnisse beim Taumelnieten aufgezeigt sowie die daraus resultierenden Anforderungen an ein durchgängig flexibel automatisiertes Gesamtsystem und die einzelnen Teilsysteme zum Herstellen von Taumelnietverbindungen festgelegt.

Für die wichtigsten Teilsysteme

- Handhabungs- und Positioniersystem,
- Fügesystem und
- Prozeßüberwachungssystem,

wurden systematisch Lösungskonzepte für die flexible Automatisierung untersucht, Funktionsmodule und Verfahren konzipiert, prototypisch realisiert und erprobt.

Handhabungs- und Positioniersystem

Das Überprüfen der Paarbarkeit der vorgebohrten Bauteile, das Handhaben und Positionieren von Basis- und Fügeteil sowie die Ermittlung des Verschiebevektors $\underline{\bar{\Omega}}_R$ zur Feinpositionierung von Füge- zu Basisteil erfolgt durch ein Greifsystem mit integrierter CCD-Kamera und geeigneten Auswertestrategien. Mit Hilfe dieses aktiven Positionierverfahrens kann eine exakte Feinpositionierung von Füge- zu Basisteilbohrungen erfolgen, so daß ein sicheres Einführen des umzuformenden Niets in die sich überdeckenden Bauteilbohrungen gewährleistet ist. Auf der Basis der durch die optische Vermessung der Bauteilbohrungen erhaltenen Meßwerte ist es darüber hinaus möglich, eine Korrektur der Positionsdaten für das Einführen des Niets in die Bauteilbohrungen durchzuführen. Hierdurch wird der Gesamtpositionierfehler beim Fügen (Werkstücktoleranzen, Toleranzen der Werkstückaufnahme) deutlich reduziert und somit die Prozeßsicherheit gesteigert.

Fügesystem

Die Erzeugung und Aufnahme der hohen Füge- und Reaktionskräfte beim Taumelnieten erfolgt durch ein L-bügelförmiges Werkzeug mit integriertem hydraulischem Vorschub und pneumatischem Taumelantrieb. Die maximale durch das Taumelnietwerkzeug erreichbare Umformkraft beträgt 7 kN und erlaubt eine Verarbeitung der meist gebräuchlichen Nietmaterialien und -durchmesser. Vorschubweg und -geschwindigkeit sowie die Taumeldrehzahl sind frei programmierbar, so daß unterschiedliche Fügefälle realisiert werden können. Durch entsprechende Sensorik können die für den Fügeprozeß charakteristischen Größen Umformkraft, Vorschubweg und Drehzahl erfaßt werden. Darüber hinaus können die nietspezifischen Komponenten des Taumelnietwerkzeugs (Nietstempel bzw. Taumelkopf, Gegenhalter) automatisch umgerüstet werden. Durch ein Werkzeuggewicht von weniger als 10 kg ist ein Einsatz in Verbindung mit gängigen, preisgünstigen SCARA-Robotern möglich.

Prozeßüberwachungssystem

Mit Hilfe analytischer Betrachtungen auf der Basis der elementaren Plastizitätstheorie und experimenteller Untersuchungen wurde ein optimiertes Berechnungsmodell für den Kraft/Weg-Verlauf beim Taumelnieten erstellt. Mit Hilfe einer Untersuchung toleranz- und störfallbedingter Einflüsse auf den Kraft/Weg-Verlauf wurden die Parameter zur Erzeugung der für eine Prozeßüberwachung nach dem Hüllkurvenverfahren benötigten oberen und unteren Hüllkurven ermittelt. Durch die Eingabe von niet- und bauteilspezifischen Angaben (Sollwerte, Toleranzen) und der Verarbeitungsparameter können automatisch die jeweiligen Hüllkurven im Einrichtbetrieb erzeugt und gegebenenfalls angepaßt, der Nietprozeß on-line überwacht und geeignete Störfallstrategien realisiert werden, so daß die Gefahr von Ausschußnietungen oder der Beschädigung der Basisteile erheblich reduziert wird. Darüber hinaus ist eine deutliche Verringerung des Einrichtaufwandes durch die automatische Erzeugung der Hüllkurven festzustellen.

Die im Rahmen dieser Arbeit entwickelten Teilsysteme und die damit verbundenen Verfahren wurden in Form einer flexiblen Montagezelle prototypisch integriert, anhand eines Praxisbeispiels erprobt und deren Funktionsfähigkeit nachgewiesen. Auf der Basis der erzielten Versuchsergebnisse wurden bestehende Optimierungspotentiale hinsichtlich der erreichbaren Verfügbarkeiten und Taktzeiten aufgezeigt.

Weitere Entwicklungsschritte sollten nun sein:

- die Erweiterung des Berechnungsmodells für die Kraft/Weg-Verläufe bzw. die Hüllkurven um zusätzliche Niettypen und Schließkopfformen,
- die Optimierung der Prozeßüberwachung hinsichtlich Verarbeitungszeit und -geschwindigkeit durch Einsatz leistungsfähigerer meßtechnischer Einrichtungen,
- die Erweiterung der Positionierstrategien für Bauteile mit mehr als zwei vorgebohrten Löchern sowie
- die Optimierung von Abläufen und Taktzeiten durch Verkürzung der Nebenzeiten (Verfahr-, Wechsel- und Meßzeiten).

Dadurch können die technischen und wirtschaftlichen Voraussetzungen für einen Einsatz in der industriellen Praxis geschaffen werden.

9 Literaturverzeichnis

/1/ Schmaus, T., u.a.: Strategische Maßnahmen zur Sicherung der Wettbewerbsfähigkeit: Auswertung der Umfrage.
Stuttgart: IPA, 1993.

/2/ Schweizer, M.: Roboterbranche mit Rückenwind.
In: Roboter 5 (1993) 5, S. 10-14

/3/ N.N. Druckfügen mit Industrierobotern.
In: Maschine + Werkzeug 26 (1991) 10, S. 27

/4/ Gießner, F.: Gesetzmäßigkeiten und Konstruktionskataloge fester Verbindungen.
Braunschweig, TU, Diss., 1975

/5/ Willmann, M.: Leicht montieren ohne Aufwand.
In: Maschinenmarkt 93 (1987) 47, S. 50-52

/6/ Gidlund, L.; Lindgvist, G.: Age-old method gets a new lease on life.
In: Atlas Copco Tools AB Article Service 14 (1982) Nr. 9, S. 32-36

/7/ Warnecke, H.-J., u.a.: Flexibel, aber fest.
In: Maschinenmarkt 98 (1992) 18, S. 112-114.

/8/ Quinlan, J.: In mechanical fastening, it's "automate or eliminate".
In: Tooling & Production 51 (1986) 12, S. 63-69

/9/ Movich, R.: An intelligent robotic system for aircraft manufacturing.
In: Robots 8 Conference Proceedings, June 4-7, 1984, Detroit. Dearborn, Mi, USA: SME, 1984, Vol. 1, S. 12.11-12.28

/10/ Norm VDI-Richtlinie 2860, 5.90:
Montage- und Handhabungstechnik

/11/ Norm
DIN 8593. Teil3 /9.85:
Fertigungsverfahren Fügen

/12/ Schraft, R.D.:
Systematisches Auswählen und Konzipieren von programmierbaren Handhabungsgeräten.
Mainz: Krausskopf, 1976.
Zugl. Stuttgart, Univ., Diss. 1976

/13/ Walther, J.:
Montage großvolumiger Produkte.
Berlin u.a.: Springer, 1985.
Zugl. Stuttgart, Univ., Diss. 1985

/14/ Schlaich, G.:
Kabelbaummontage mit Industrierobotern.
Berlin u.a.: Springer, 1988.
Zugl. Stuttgart, Univ., Diss. 1988

/15/ Norm
VDI-Richtlinie 3137, 1.76:
Begriffe, Benennungen, Kenngrößen des Umformens

/16/ Lange, K.:
Umformtechnik: Handbuch für Industrie und Wissenschaft. Band 1: Grundlagen.
Berlin u.a.: Springer, 1984

/17/ Norm
VDI-Richtlinien 3200, Blatt 1-3, 10.78, 10.82
Fließkurven metallischer Werkstoffe.

/18/ Ismar, H.;
Technische Plastomechanik.
Braunschweig, Wiesbaden: Vieweg, 1978.

/19/ Stoewer, U.-H.; Grandt, J.; Hoffer, K.:
Angewandte Technik 1 (1988) 2.

/20/ N.N.
Schnelle Verbindung.
In: Flexible Automation 6 (1991) 6, S.35-36

/21/ Praus, G.: Mehr als sieben auf einen Streich.
In: Maschinenmakrt 92 (1986) 40, S.94-95

/22/ Dobbins, D.: Orbital riveting enhances autopart quality.
In: Tooling & Production 50 (1984) 7, S.40-42

/23/ Hoffer, K.: Nietverbindungen an Bauteilen aus Aluminium, Teil 3.
In: Aluminium 59 (1983) 12, S.937-943

/24/ N.N. MBB: Automatisches Nieten.
Bremen, 1988 - Firmenschrift

/25/ Maskow, J.; Pohley, H.; Stölcken, H.: Produktionsautomatisierung in der Flugzeugrumpf-montage.
In: VDI-Z 131 (1989) 7, S. 38-44

/26/ N.N. Blindniet- und Korbmuttern.
In: Industrie-Anzeiger 23 (1987) 23, S.18-20

/27/ Warnecke, H.-J.; Schweizer, M.; Schweigert, U.: Toleranzausgleich in der Präzisionsmontage.
In: Montage 3 (1990).1, S. 40-46

/28/ Schweigert, U.: Toleranzausgleichssysteme für Industrieroboter am Beispiel des feinwerktechnischen Bolzen-Loch-Problems.
Berlin u.a.: Springer, 1991.
Zugl. Stuttgart, Univ., Diss., 1991

/29/ Lange, K.: Umformtechnik: Handbuch für Industrie und Wissenschaft. Band 2: Massivumformung.
Berlin u.a.: Springer, 1984

/30/ David, G.; Standring, P.: Computer simulation of rotary forging.
In: 4th International Conference on Rotary Metalworking Process, Beijing, China, 1989, S. 45-52

/31/ Zhang, M.: Calculation of force and energy during rotary forging. In: 3rd International Conference on Rotary Metalworking Process. Kempston, U.K.: IFS-Publ., 1984, S. 115-124

/32/ Jingyuan, Z.: On contact contour and relative spiral feed during rotary forging. In: 4th International Conference on Rotary Metalworking Process, Beijing, China, 1989, S. 171-176

/33/ Schondelmaier, J.: Grundlagenuntersuchung über das Taumelpressen. Berlin u.a.: Springer, 1992. Zugl. Stuttgart, Univ., Diss., 1992

/34/ Su, H.; Kawai, K.; Hayama, M.: An analytical study on deformation mechanism in rotary process. In: 4th International Conference on Rotary Metalworking Process, Beijing, China, 1989, S. 177-183

/35/ Mayrhofer, K.: Kaltfließpressen von Stahl und Nichteisenmetallen: Stand der Technik in Theorie und Anwendung. Berlin, u.a.: Springer, 1983.

/36/ Schweizer, M.; Schneider, W.-D.: Einfach zu integrieren. In: Industrie-Anzeiger 41/94 (1994) 30, S. 82-84

IPA Forschung und Praxis

Schriftenreihe aus dem Institut für Produktionstechnik und Automatisierung, Stuttgart

Herausgeber: Prof. Dr.-Ing. H. J. Warnecke

Datenerfassung im Produktionsbereich
Von E. Bendeich. ISBN 3-7830-0117-8.
1977, 176 Seiten, kartoniert. 54,— DM

Methodenauswahl für die Materialbewirtschaftung in Maschinenbau-Betrieben
Von H. Graf. ISBN 3-7830-0136-6.
1977, 144 Seiten, kartoniert. 54,— DM

Systematische Auswahl von Förderhilfsmitteln für den innerbetrieblichen Materialfluß
Von W. Rau. ISBN 3-7830-0139-0.
1977, 103 Seiten, kartoniert. 40,— DM

Grundlagen zur Planung von Ersatzteilfertigungen
Von E. Schulz. ISBN 3-7830-0138-2.
1977, 98 Seiten, kartoniert. 40,— DM

Rechnerunterstützte Fabrikplanung
Von B. Minten. ISBN 3-7830-0116-1.
1977, 124 Seiten, kartoniert. 38,— DM

Eine Planungsmethode für automatische Montagesysteme
Von H.-G. Löhr. ISBN 3-7830-0120-X.
1977, 108 Seiten, kartoniert. 32,— DM

Planung und Bewertung von Arbeitssystemen in der Montage
Von H. Metzger. ISBN 3-7830-0131-5.
1977, 108 Seiten, kartoniert. 40,— DM

Klassifizierungssystem für Prüfmittel der industriellen Längenprüftechnik
Von R. Czetto. ISBN 3-7830-0144-7.
1978, 181 Seiten, kartoniert. 64,— DM

Rechnerunterstützte Montageplanung
Von O. Hirschbach. ISBN 3-7830-0149-8.
1978, 146 Seiten, kartoniert. 52,— DM

Rechnerunterstützte Entwicklung von Simulationsmodellen für Unternehmensplanspiele
Von A. Moker. ISBN 3-7830-0147-1.
1978, 181 Seiten, kartoniert. 64,— DM

Arbeitsplatzanalysen zur Ermittlung der Einsatzmöglichkeiten und Anforderungen an Industrieroboter
Von G. Herrmann. ISBN 37830-0151-X.
1978, 113 Seiten, kartoniert. 40,— DM

MFSP — Ein Verfahren zur Simulation komplexer Materialflußsysteme
Von G. Stemmer. ISBN 3-7830-0118-8.
1977, 140 Seiten, kartoniert. 60,— DM

Berührungslose Erkennung durch Positionsbestimmung von Objekten durch inkohärent-optische Korrelation
Von M. König. ISBN 3-7830-0137-4.
1977, 110 Seiten, kartoniert. 40,— DM

Auslegung von Störungspuffern in kapitalintensiven Fertigungslinien
Von R. v. Stetten. ISBN 3-7830-0140-4.
1977, 154 Seiten, kartoniert. 56,— DM

Flexible Transportablaufsteuerung
Von G. Römer. ISBN 3-7830-0114-5.
1977, 188 Seiten, kartoniert. 60,— DM

Rechnergestützte Realplanung von Fabrikanlagen
Von T.-K. Sauter. ISBN 3-7830-0119-6.
1977, 108 Seiten, kartoniert. 32,— DM

Systematisches Auswählen und Konzipieren von programmierbaren Handhabungsgeräten
Von R. D. Schraft. ISBN 3-7830-0115-3.
1977, 108 Seiten, kartoniert. 32,— DM

Auslandsproduktion
Von W. Cypris. ISBN 3-7830-0145-5.
1978, 126 Seiten, kartoniert. 42,— DM

Wirtschaftlicher Einsatz von Mehrkoordinatenmeßgeräten
Von M. Dietzsch. ISBN 3-7830-0148-X.
1978, 142 Seiten, kartoniert. 52,— DM

Fertigungssteuerung bei flexiblen Arbeitsstrukturen
Von K.-G. Lederer. ISBN 3-7830-0146-3.
1978, 128 Seiten, kartoniert. 42,— DM

Untersuchungen zum Polieren und Entgraten durch elektrochemisches Oberflächenabtragen
Von K. Zerweck. ISBN 3-7830-0150-1.
1978, 110 Seiten, kartoniert. 40,— DM

Stufenweise Ableitung eines praktischen Planungssystems für den Entwicklungsbereich
Von R. Hichert. ISBN 3-7830-0149-8.
1978, 151 Seiten, kartoniert. 52,– DM

Produktionsplanung mit Auftragsfamilien
Von U. W. Geitner. ISBN 3-7830-0161.7.
1979, 110 Seiten, kartoniert. 45,– DM

Thermisch-chemisches Entgraten
Von T. Wagner. ISBN 3-7830-0164-1.
1979, 111 Seiten, kartoniert. 45,– DM

Untersuchung der Materialflußkosten bei ausgewählten Systemen der Zentralen Arbeitsverteilung
Von R. Wenzel. ISBN 3-7830-0162-5.
1979, 168 Seiten, kartoniert. 86,– DM

Anpassung und Einführung eines Planungssystems für die Ablaufplanung im Konstruktionsbereich
Von W. Dangelmaier. ISBN 3-7830-0163-3.
1979, 168 Seiten, kartoniert. 80,– DM

Längenmessungen an bewegten Teilen mit berührungslos wirkenden Aufnehmern
Von H. Lang. ISBN 3-7830-0157-9
1979, 89 Seiten, kartoniert. 42,– DM

Untersuchung multistabiler Strömungselemente und ihr Einsatz in sequentiellen Steuerungen
Von A. Ernst. ISBN 3-7830-0157-9.
1979, 122 Seiten, kartoniert. 48,– DM

Taktile Sensoren für programmierbare Handhabungsgeräte
Von M. Schweizer. ISBN 3-7830-0158-7
1979, 91 Seiten, kartoniert. 42,– DM

Die rechnerunterstützte Prüfplanung
Von P. Blasing. ISBN 3-7830-0152-8.
1979, 100 Seiten, kartoniert 44,– DM

Verfahren zur Fabrikplanung im Mensch-Rechner-Dialog am Bildschirm
Von W. Ernst. ISBN 3-7830-0156-0.
1979, 218 Seiten, kartoniert 72,– DM

Rechnerunterstütztes Verfahren zur Leistungsabstimmung von Mehrmodell-Montagesystemen
Von M. Gorke. ISBN 3-7830-0155-2.
1979, 139 Seiten, kartoniert 50,– DM

Standortbezogene Betriebsmittel
Von G. Pflieger. ISBN 3-7830-0167-6.
1979, 127 Seiten, kartoniert. 52,– DM

Die betriebswirtschaftliche Beurteilung neuer Arbeitsformen
Von B.-H. Zippe. ISBN 3-7830-0168-4.
1979, 350 Seiten, kartoniert. 98,– DM

Untersuchung des Arbeitsverhaltens programmierbarer Handhabungsgeräte
Von B. Brodbeck. ISBN 3-7830-0169-2.
1979, 117 Seiten, kartoniert 48,– DM

Untersuchung eines kohärent-optischen Verfahrens zur Rauheitsmessung
Von N. Rau. ISBN 3-7830-0174-9
1979, 117 Seiten, kartoniert 48,– DM

Entwicklung einer programmierbaren, pneumatischen Steuerung
Von D. Klemenz. ISBN 3-7830-0171-4
1979, 93 Seiten, kartoniert 42,– DM

IPA Forschung und Praxis

Berichte aus dem Fraunhofer-Institut für Produktionstechnik und Automatisierung, Stuttgart, und dem Institut für Industrielle Fertigung und Fabrikbetrieb der Universität Stuttgart

Herausgeber: Prof. Dr.-Ing. H. J. Warnecke

---

38 **Arbeitsgangterminierung mit variabel strukturierten Arbeitsplänen — Ein Beitrag zur Fertigungssteuerung flexibler Fertigungssysteme**
Von U. Maier. ISBN 3-540-10213-2.
1980, 111 Seiten mit 45 Abbildungen. 43,— DM

39 **Kapazitätsabgleich bei flexiblen Fertigungssystemen**
Von P. S. Nieß. ISBN 3-540-10372-4.
1980, 151 Seiten mit 57 Abbildungen. 48,— DM

40 **Schichtdickenverteilung auf galvanisierten Paßteilen am Beispiel kleiner abgesetzter Wellen und Bohrungen**
Von D. Wolfhard. ISBN 3-540-10373-2.
1980, 177 Seiten mit 83 Abbildungen. 48,— DM

41 **Planung von Mehrstellenarbeit unter Berücksichtigung von Umfeldaufgaben**
Von S. Häußermann. ISBN 3-540-10374-0.
1980, 136 Seiten mit 59 Abbildungen 48,-- DM

42 **Untersuchungen zur Schmierfilmdicke in Druckluftzylindern — Beurteilung der Abstreifwirkung und des Reibungsverhaltens von Pneumatikdichtungen mit Hilfe eines neu entwickelten Schmierfilmdicken-meßverfahrens**
Von R. Kohnlechner. ISBN 3-540-10375-9.
1980, 100 Seiten mit 38 Abbildungen und 4 Tabellen. 43,— DM

43 **Typologie zum überbetrieblichen Vergleich von Fertigungssteuerungsverfahren im Maschinenbau**
Von G. Rabus. ISBN 3-540-10376-7.
1980, 174 Seiten mit 88 Abbildungen und 21 Tafeln. 48,— DM

44 **System zur Planung des Umlaufbestandes in Betrieben mit Serienfertigung**
Von K.-G. Wilhelm. ISBN 3-540-10377-5.
1980, 142 Seiten mit 67 Abbildungen und 15 Tafeln. 48,— DM

45 **Rechnerunterstützte Arbeitsplanerstellung mit Kleinrechnern, dargestellt am Beispiel der Blechbearbeitung**
Von W. Hoheisel. ISBN 3-540-10505-0.
1981, 169 Seiten mit 74 Abbildungen. 48,— DM

46 **Beitrag zur Verbesserung der Wirtschaftlichkeit EDV-unterstützter Fertigungssteuerungssysteme durch Schwachstellenanalyse**
Von J. Lienert. ISBN 3-540-10506-9.
1981, 148 Seiten mit 37 Abbildungen. 48,— DM

47 **Die Abscheidung von Öl an Entlüftungsöffnungen drucklufttechnischer Anlagen**
Von W.-D. Kiessling. ISBN 3-540-10604-9.
1981, 117 Seiten mit 48 Abbildungen und 3 Tabellen. 43,— DM

48 **Dynamische Optimierung technisch-ökonomischer Systeme**
Von J. Warschat. ISBN 3-540-10717-7.
1981, 132 Seiten mit 60 Abbildungen. 43,— DM

49 **Bildsensor zur Mustererkennung und Positionsmessung bei programmierbaren Handhabungsgeräten**
Von H. Geißelmann. ISBN 3-540-10735-5.
1981, 125 Seiten mit 52 Abbildungen. 43,— DM

50 **Verfügbarkeitsberechnung für komplexe Fertigungseinrichtungen**
Von Ekkehard Gericke. ISBN 3-540-10779-7.
1981, 132 Seiten mit 71 Abbildungen. 43,— DM

51 **Materialflußgestaltung in Fertigungssystemen**
Von Willi Rößner. ISBN 3-540-10888-2.
1981, 149 Seiten mit 76 Abbildungen. 48,— DM

52 **Beitrag zur Analyse der Auswirkungen der Mikroelektronik, dargestellt am Beispiel der Büromaschinen-Industrie**
Von Werner Neubauer. ISBN 3-540-10991-9.
1981, 145 Seiten mit 27 Abbildungen und 47 Tabellen. 43,— DM

53 **Modelle von Informationssystemen zur kurzfristigen Fertigungssteuerung und ihre Gestaltung nach betriebsspezifischen Gesichtspunkten**
Von Roland Gentner. ISBN 3-540-10992-7.
1981, 181 Seiten mit 69 Abbildungen und 7 Tabellen. 48,— DM

54 **Entwicklung von Verfahren zur Terminplanung und -steuerung bei flexiblen Montagesystemen**
Von Jürgen H. Kölle. ISBN 3-540-11227-8.
1981, 132 Seiten mit 64 Abbildungen und 1 Faltplan. 43,— DM

55 **Arbeits- und Kapazitätsteilung in der Montage**
Von Stefan Dittmayer. ISBN 3-540-11228-6.
1981, 124 Seiten und 56 Abbildungen. 43,— DM

56 **Beitrag zur systematischen Planung der Qualitätsprüfung bei Klein- und Mittelserienfertigung**
Von Herbert Babic. ISBN 3-540-11325-8
1982, 108 Seiten mit 38 Abbildungen und 7 Tabellen. 53,— DM

57 **Methode zur rechnerunterstützten Einsatzplanung von programmierbaren Handhabungsgeräten**
Von Uwe Schmidt-Streier. ISBN 3-540-11355-X.
1982, 188 Seiten mit 72 Abbildungen. 53.– DM

58 **Werkstoff- und Energiekennwerte industrieller Lackieranlagen, am Beispiel der Automobilindustrie**
Von Rainer Manfred Thiel. ISBN 3-540-11356-8.
1982, 116 Seiten mit 59 Abbildungen. 53.– DM

59 **Maßnahmen zum Verbessern der pneumatischen Lackzerstäubung – Teilchengrößenbestimmung im Spritzstrahl –**
Von Klaus Werner Thomer. ISBN 3-540-11507-2.
1982, 162 Seiten mit 94 Abbildungen und 1 Tabelle. 53.– DM

60 **Ermittlung und Bewertung von Rationalisierungsmaßnahmen im Produktionsbereich**
Von Jürgen Schilde. ISBN 3-540-11730-X.
1982, 158 Seiten mit 57 Abbildungen. 53.– DM

61 **Untersuchung von Verfahren der Reihenfolgeplanung und ihre Anwendung bei Fertigungszellen**
Von Mohamed Osman. ISBN 3-540-11747-4.
1982, 124 Seiten mit 32 Abbildungen und 3 Tabellen. 53.– DM

62 **Ein Simulationsmodell zur Planung gruppentechnologischer Fertigungszellen**
Von Volker Saak. ISBN 3-540-11747-4.
1982, 134 Seiten mit 53 Abbildungen. 53.– DM

63 **Verfahren zur technischen Investitionsplanung automatisierter Fertigungsanlagen**
Von Günter Vettin. ISBN 3-540-11747-4.
1982, 134 Seiten mit 63 Abbildungen. 53.– DM

64 **Pneumatische Sensoren zur prozeßsimultanen Messung des Werkzeugverschleißes und zur Kollisionsvermeidung beim Messerkopffräsen**
Von Wolfgang Jentner. ISBN 3-540-11747-4.
1982, 126 Seiten mit 47 Abbildungen und 6 Tabellen. 53.– DM

65 **Rechnerunterstützte Gestaltung ortsgebundener Montagearbeitsplätze, dargestellt am Beispiel kleinvolumiger Produkte**
Von Eberhard Haller. ISBN 3-540-12015-7.
1982, 130 Seiten mit 43 Abbildungen. 53.– DM

66 **Fernsehüberwachung von Schutzgasschweißvorgängen mit abschmelzender Elektrode MIG – MAG**
Von Ruprecht Niepold. ISBN 3-540-12181-7.
1983, 178 Seiten mit 73 Abbildungen und 5 Tabellen. 58.– DM

67 **Entwicklung flexibler Ordnungssysteme für die Automatisierung der Werkstückhandhabung in der Klein- und Mittelserienfertigung**
Von Karl Weiss. ISBN 3-540-12455-1.
1983, 116 Seiten mit 68 Abbildungen. 58.– DM

68 **Automatisierte Überwachungsverfahren für Fertigungseinrichtungen mit speicherprogrammierten Steuerungen**
Von Werner Eißler. ISBN 3-540-12456-X.
1983, 128 Seiten mit 66 Abbildungen. 58.– DM

69 **Prozeßüberwachung beim Galvanoformen**
Von Jürgen Wilhelm Böcker. ISBN 3-540-12457-8.
1983, 118 Seiten mit 32 Abbildungen. 58.– DM

70 **LAPEX – Ein rechnerunterstütztes Verfahren zur Betriebsmittelzuordnung**
Von Stephan Mayer. ISBN 3-540-12490-X.
1983, 162 Seiten mit 34 Abbildungen und 2 Tabellen. 58.– DM

71 **Gestaltung eines integrierten Produktionssystems für die Sortenfertigung unter Einsatz der Clusteranalyse**
Von Gerald Weber. ISBN 3-540-12650-3.
1983, 194 Seiten mit 54 Abbildungen. 58.– DM

72 **Gußputzen mit sensorgeführten, programmierbaren Handhabungsgeräten**
Von Eberhard Abele. ISBN 3-540-12651-1.
1983, 133 Seiten mit 66 Abbildungen. 58,– DM

73 **Untersuchungen zur Herstellung und zum Einsatz galvanogeformter Erodierelektroden**
Von Harald Müller. ISBN 3-540-12822-0.
1983, 148 Seiten mit 78 Abbildungen. 58,– DM

74 **Ein Beitrag zur Optimierung der Prozeßführungsstrategien automatisierter Förder- und Materialflußsysteme**
Von Hans Steffens. ISBN 3-540-12968-5.
1983, 161 Seiten mit 60 Abbildungen. 58,– DM

75 **Entwicklung eines Verfahrens zur wertmäßigen Bestimmung der Produktivität und Wirtschaftlichkeit von Personalentwicklungsmaßnahmen in Arbeitsstrukturen**
Von Christian Müller. ISBN 3-540-13041-1.
1983, 129 Seiten mit 34 Abbildungen. 58,– DM

76 **Berechnung der Gestaltänderung von Profilen infolge Strahlverschleiß**
Von Wolfgang Marx. ISBN 3-540-13054-3.
1983, 121 Seiten mit 58 Abbildungen. 58,– DM

77 **Algorithmen zur flexiblen Gestaltung der kurzfristigen Fertigungssteuerung**
Von Rudolf E. Scheiber. ISBN 3-540-13500-6.
1984, 150 Seiten mit 73 Abbildungen und 1 Tabelle. 63.– DM

78 **Galvanisieren mit moduliertem Strom**
Von Jürgen Wolfgang Mann. ISBN 3-540-13733-5.
1984, 145 Seiten und 58 Abbildungen. 63,– DM

79 **Fluoreszenzmeßverfahren zur Schmierfilmdickenmessung in Wälzlagern**
Von Wolfgang Schmutz. ISBN 3-540-13777-7.
1984, 141 Seiten und 66 Abbildungen. 63,– DM

IPA-IAO Forschung und Praxis

Berichte aus dem Fraunhofer-Institut für Produktionstechnik und Automatisierung (IPA), Stuttgart, Fraunhofer-Institut für Arbeitswirtschaft und Organisation (IAO), Stuttgart, und Institut für Industrielle Fertigung und Fabrikbetrieb der Universität Stuttgart

Herausgeber: Prof. Dr.-Ing. H. J. Warnecke und Prof. Dr.-Ing. H.-J. Bullinger

---

80 **Flexibilität und Kapazität von Werkstückspeichersystemen**
Von Bernhard Graf. ISBN 3-540-13970-2.
1984, 115 Seiten mit 71 Abbildungen. 63,– DM

T1 **Flexible Fertigungssysteme**
17. IPA-Arbeitstagung zusammen mit der 3. Internationalen Konferenz „Flexible Manufacturing Systems (FMS-3)", ISBN 3-540-13807-2.
1984, 249 Seiten mit zahlreichen Abbildungen. 118,– DM

T2 **Integrierte Bürosysteme**
3. IAO-Arbeitstagung. ISBN 3-540-13978-8.
1984, 633 Seiten mit zahlreichen Abbildungen. 168,– DM

81 **Rechnerunterstützte Planung von Montageablaufstrukturen für Erzeugnisse der Serienfertigung**
Von Ernst-Dieter Ammer. ISBN 3-540-15056-0.
1985, 120 Seiten mit 1 Faltblatt und 33 Abbildungen. 63,– DM

82 **Flexibilität von personalintensiven Montagesystemen bei Serienfertigung**
Von Heinrich Vähning. ISBN 3-540-15093-5.
1985, 152 Seiten mit 49 Abbildungen. 63,– DM

83 **Ordnen von Werkstücken mit programmierbaren Handhabungsgeräten und Werkstückerkennungssensoren**
Von Ingo Schmidt. ISBN 3-540-15375-6.
1985, 111 Seiten mit 66 Abbildungen. 63,– DM

84 **Systematische Investitionsplanung**
Von Jorge Moser. ISBN 3-540-15370-5.
1985, 190 Seiten mit 69 Abbildungen. 63,– DM

T3 **Montage · Handhabung · Industrieroboter**
Internationaler MHI-Kongreß im Rahmen der Hannover-Messe '85. ISBN 3-540-15500-7.
1985, 267 Seiten mit zahlreichen Abbildungen. 128,– DM

85 **Flexible Montagesysteme – Konzeption und Feinplanung durch Kombination von Elementen**
Von Peter Konold / Bernd Weller. ISBN 3-540-15606-2.
1985, 162 Seiten mit 71 Abbildungen und 9 Tabellen. 63,– DM

T4 **Menschen · Arbeit · Neue Technologien**
4. IAO-Arbeitstagung zusammen mit der 2. Internationalen Konferenz „Human Factors in Manufacturing". ISBN 3-540-15763-8.
1985, 442 Seiten mit zahlreichen Abbildungen. 168,– DM

86 **Leitstandunterstützte kurzfristige Fertigungssteuerung bei Einzel- und Kleinserienfertigung**
Von Lothar Aldinger. ISBN 3-540-15903-7.
1985, 151 Seiten mit 49 Abbildungen und 2 Tabellen. 63,– DM

87 **Bestimmen des Bürstenverhaltens anhand einer Einzelborste**
Von Klaus Przyklenk. ISBN 3-540-15956-8.
1985, 117 Seiten mit 74 Abbildungen. 63,– DM

88 **Montage großvolumiger Produkte mit Industrierobotern**
Von Jörg Walther. ISBN 3-540-16027-2.
1985, 125 Seiten mit 58 Abbildungen. 63,– DM

89 **Algorithmen und Verfahren zur Erstellung innerbetrieblicher Anordnungspläne**
Von Wilhelm Dangelmaier. ISBN 3-540-16144-9.
1986, 268 Seiten mit 79 Abbildungen. 68,– DM

90 **Bewertung der Instandhaltung von Fertigungssystemen in der technischen Investitionsplanung**
Von Hagen U. Uetz. ISBN 3-540-16166-X.
1986, 129 Seiten mit 38 Abbildungen. 68,– DM

91 **Entgraten durch Hochdruckwasserstrahlen**
Von Manfred Schlatter. ISBN 3-540-16172-4.
1986, 167 Seiten mit 89 Abbildungen und 18 Tabellen. 68,– DM

92 **Werkstückorientierte Verfahrensauswahl zum Gußputzen mit Industrierobotern**
Von Wolfgang Sturz. ISBN 3-540-16224-0.
1986, 156 Seiten mit 59 Abbildungen. 68,– DM

93 **Verfahren zur Verringerung von Modell-Mix-Verlusten in Fließmontagen**
Von Reinhard Koether. ISBN 3-540-16499-5.
1986, 175 Seiten mit 46 Abbildungen und 1 Tabelle. 68,– DM

94 **Entwicklung und Einsatz eines interaktiven Verfahrens zur Leistungsabstimmung von Montagesystemen**
Von Günter Schad. ISBN 3-540-16978-4.
1986, 120 Seiten mit 31 Abbildungen und 1 Tabelle. 68,– DM

95 **Qualifizierung an Industrierobotern**
Von Wolfgang Bachl. ISBN 3-540-17018-9.
1986, 218 Seiten mit 30 Abbildungen. 68,– DM

96 **Rechnersimulation des Beschichtungsprozesses beim Elektrotauchlackieren – Anwendung zum Berechnen des Umgriffs**
Von Otto Baumgärtner. ISBN 3-540-17102-9.
1986, 113 Seiten mit 42 Abbildungen. 68,– DM

97 **Ergonomische Gestaltung von Rotationsstellteilen für grob- und sensomotorische Tätigkeiten**
Von Werner F. Muntzinger. ISBN 3-540-17247-5.
1986, 135 Seiten mit 51 Abbildungen und 33 Tabellen. 68,– DM

98 **Die optische Rauheitsmessung in der Qualitätstechnik**
Von R.-J. Ahlers. ISBN 3-540-17242-4.
1986, 133 Seiten mit 56 Abbildungen und 2 Tabellen. 68,– DM

99 **Maschinelle Spracherkennung zur Verbesserung der Mensch-Maschine-Schnittstelle**
Von Gerhard Rigoll. ISBN 3-540-17350-1.
1986, 134 Seiten mit 55 Abbildungen. 68,– DM

100 **Konzeption und Auswahl modularer Magazinpaletten**
Von Thomas Zipse. ISBN 3-540-17584-9.
1987, 126 Seiten mit 54 Abbildungen. 68,– DM

101 **Anschlüsse an Kupferrohre – Herstellung und Automatisierungsmöglichkeit**
Von Eberhard Rauschnabel. ISBN 3-540-17807-4.
1987, 120 Seiten mit 88 Abbildungen. 68,– DM

102 **Mengen- und ablauforientierte Kapazitätsplanung von Montagesystemen**
Von Hans Sauer. ISBN 3-540-17815-5.
1987, 156 Seiten mit 64 Abbildungen. 68,– DM

103 **Verfahrensinstrumentarium zur Werkstückauswahl und Auslegung von Industrieroboterschweißsystemen**
Von Herbert Gzik. ISBN 3-540-17928-3.
1987, 138 Seiten mit 56 Abbildungen. 68,– DM

104 **Integration von Förder- und Handhabungseinrichtungen**
Von Joachim Schuler. ISBN 3-540-17955-0.
1987, 153 Seiten mit 61 Abbildungen. 68,– DM

105 **Produktionsmengen- und -terminplanung bei mehrstufiger Linienfertigung**
Von H. Kühnle. ISBN 3-540-18038-9.
1987, 124 Seiten mit 25 Abbildungen. 68,– DM

106 **Untersuchung des Plasmaschneidens zum Gußputzen mit Industrierobotern**
Von Jong-Oh Park. ISBN 3-540-18037-0.
1987, 142 Seiten mit 70 Abbildungen. 68,– DM

107 **Fügen von biegeschlaffen Steckkontakten mit Industrierobotern**
Von Daegab Gweon. ISBN 3-540-18134-2.
1987, 115 Seiten mit 13 Abbildungen. 68,– DM

108 **Entwicklung eines biomechanischen Modells des Hand-Arm-Systems**
Von Georgios Tsotsis. ISBN 3-540-18135-0.
1987, 163 Seiten mit 45 Abbildungen. 68,– DM

109 **Ein Beitrag zur Planungssystematik für die automatisierte flexible Blechteilefertigung**
Von Thomas Weber. ISBN 3-540-18136-9.
1987, 149 Seiten mit 56 Abbildungen. 68,– DM

110 **Entwicklung eines Meßverfahrens zur Bestimmung des Positionier- und Orientierungsverhaltens von Industrierobotern**
Von Günter Schiele. ISBN 3-540-18137-7.
1987, 116 Seiten mit 48 Abbildungen. 68,– DM

111 **Schwingungsbelastung beim Arbeiten mit handgeführten, einachsigen Motormähgeräten**
Von Peter Kern. ISBN 3-540-18193-8.
1987, 145 Seiten mit 43 Abbildungen und 5 Tabellen. 68,– DM

112 **Entwicklung eines berührungslosen Tastsystems für den Einsatz an Koordinatenmeßgeräten**
Von Hie-Sik Kim. ISBN 3-540-18578-X.
1987, 111 Seiten mit 62 Abbildungen und 4 Tabellen. 68,– DM

113 **Qualifizierung an Industrierobotern – Ziele, Inhalte und Methoden**
Von Volker Korndörfer. ISBN 3-540-18618-2.
1987, 318 Seiten mit 100 Abbildungen. 68,– DM

114 **Funktional und räumlich variables und modulares Laborgerätesystem**
Von Alfred Mack. ISBN 3-540-18786-3.
1988, 116 Seiten mit 39 Abbildungen. 73,– DM

115 **Produktrecycling im Maschinenbau**
Von Rolf Steinhilper. ISBN 3-540-18849-5.
1988, 167 Seiten mit 50 Abbildungen. 73,– DM

116 **Integration der montagegerechten Produktgestaltung in den Konstruktionsprozeß**
Von Rudolf Bäßler. ISBN 3-540-19058-9.
1988, 133 Seiten mit 49 Abbildungen. 73,– DM

117 **Ein Algorithmus zur kapazitätsorientierten Bildung von Losen**
Von Tilmann Greiner. ISBN 3-540-19300-6.
1988, 135 Seiten mit 37 Abbildungen. 73,– DM

118 **Kabelbaummontage mit Industrierobotern**
Von Gerd Schlaich. ISBN 3-540-19301-4.
1988, 131 Seiten mit 62 Abbildungen. 73,– DM

119 **Beitrag zur Verbesserung der Fertigungskostentransparenz bei Großserienfertigung mit Produktvielfalt**
Von Albrecht Köhler. ISBN 3-540-19393-6.
1988, 148 Seiten mit 72 Abbildungen. 73,– DM

120 **Entwicklungs- und Planungshilfen zum Aufbau von flexiblen Ordnungssystemen**
Von Rainer Schanz. ISBN 3-540-19394-4.
1988, 104 Seiten mit 48 Abbildungen. 73,– DM

121 **Bestücken von Leiterplatten mit Industrierobotern**
Von Ernst Wolf. ISBN 3-540-50013-8.
1988, 132 Seiten mit 63 Abbildungen. 73,– DM

122 **Verschleißvorgänge beim Querschneiden dünner Bahnen**
Von Thomas Hülsmann. ISBN 3-540-50049-9.
1988, 126 Seiten mit 47 Abbildungen und 5 Tabellen. 73,– DM

123 **Geometrieprüfung in der Fertigungsmeßtechnik mit bildverarbeitenden Systemen**
Von Claus P. Keferstein. ISBN 3-540-50050-2.
1988, 128 Seiten mit 53 Abbildungen. 73,– DM

124 **Modulares Simulationsmodell für die Abläufe in verketteten Fertigungszellen mit Industrierobotern**
Von Kum-Hoan Kuk. ISBN 3-540-50069-3.
1988, 130 Seiten mit 57 Abbildungen. 73,– DM

125 **Montage von Schläuchen mit Industrierobotern**
Von Bruno Frankenhauser. ISBN 3-540-50072-3.
1988, 139 Seiten mit 63 Abbildungen. 73,– DM

126 **Kommissioniersystem mit Roboter und Mehrstückgreifer**
Von Klaus Baumeister. ISBN 3-540-50133-9.
1988, 104 Seiten mit 53 Abbildungen. 73,– DM

127 **Sensorunterstütztes Programmierverfahren für das Entgraten mit Industrierobotern**
Von Dieter Boley. ISBN 3-540-50175-4.
1988, 128 Seiten mit 67 Abbildungen. 73,– DM

128 **Die Arbeitsraumgestaltung manueller Montagearbeitsplätze mit graphischen und wissensbasierten Methoden**
Von Klaus Lay. ISBN 3-540-50259-9.
1988, 129 Seiten mit 50 Abbildungen und 7 Tabellen. 73,– DM

129 **Automatisierung des Biegerichtens**
Von Stefan Thiel. ISBN 3-540-50432-X.
1988, 142 Seiten mit 57 Abbildungen und 5 Tabellen. 73,– DM

130 **Rechnergestützte Verfahren zur Auslegung der Mechanik von Industrierobotern**
Von Martin-Christoph Wanner. ISBN 3-540-50640-3.
1989, 202 Seiten mit 80 Abbildungen. 73,– DM

131 **Entwicklung eines bestandsorientierten Fertigungssteuerungssystems für die Großserienfertigung am Beispiel des Automobilbaus**
Von G. Hachtel. ISBN 3-540-50639-X.
1989, 163 Seiten mit 34 Abbildungen und 6 Tabellen. 73,– DM

132 **Ergonomische Gestaltung der Benutzerschnittstelle am Antriebssystem des Greifreifenrollstuhls**
Von Ludwig Traut. ISBN 3-540-50877-5.
1989, 210 Seiten mit 127 Abbildungen. 73,– DM

133 **Planung taktzeitoptimierter flexibler Montagestationen**
Von Joachim Schöninger. ISBN 3-540-50896-1.
1989, 122 Seiten mit 47 Abbildungen. 73,– DM

134 **Ein Modell für ein integriertes Qualitäts- und Prüfplanungssystem in der Montage**
Von Josef R. Kring. ISBN 3-540-51195-4.
1989, 140 Seiten mit 60 Abbildungen. 73,– DM

135 **Fertigungsstrukturierung auf der Basis von Teilefamilien**
Von Manfred Auch. ISBN 3-540-51290-X.
1989, 138 Seiten mit 34 Abbildungen. 73,– DM

136 **Kollisionsbehandlung als Grundbaustein eines modularen Industrieroboter-Off-line-Programmiersystems**
Von Andreas Altenhein. ISBN 3-540-51418-X.
1989, 129 Seiten mit 53 Abbildungen. 73,– DM

137 **Ein Beitrag zur Planung und Bewertung Neuer Arbeitsstrukturen in NE-Metallgießereien Dargestellt am Beispiel der Fertigungsinsel**
Von Horst Nespeta. ISBN 3-540-51419-8.
1989, 157 Seiten mit 58 Abbildungen. 73,– DM

138 **Verfahren zur Prüfung der Partikelkontamination in Versorgungssystemen für hochreine Flüssigkeiten**
Von Rolf Herz. ISBN 3-540-51457-0.
1989, 123 Seiten mit 61 Abbildungen. 73,– DM

139 **Messung gekrümmter Flächen mit berührungslosen Verfahren**
Von Leo Schreiber. ISBN 3-540-51493-7.
1989, 119 Seiten mit 72 Abbildungen. 73,– DM

140 **Automatisiertes Lackieren mit steuerbaren Spritzpistolen**
Von Konrad A. Ortlieb. ISBN 3-540-51518-6.
1989, 121 Seiten mit 45 Abbildungen. 73,– DM

141 **Grundlagen zur Entwicklung reinraumtauglicher Handhabungssysteme**
Von Jürgen Geißinger. ISBN 3-540-51959-9.
1989, 124 Seiten mit 82 Abbildungen. 73,– DM

142 **CAD-Video-Somatographie**
Entwicklung und Bewertung einer Methode zur anthropometrischen Arbeitsgestaltung
Von Dieter Lorenz. ISBN 3-540-52163-1.
1989, 169 Seiten mit 61 Abbildungen. 73,– DM

143 **Eine Systemarchitektur für die Gestaltung und das Management verteilter Informationssysteme**
Von Andreas J. Ness. ISBN 3-540-52224-7.
1990, 203 Seiten mit 62 Abbildungen. 78,– DM

144 **Untersuchungen über den optisch-physiologischen Eindruck der Oberflächenstruktur von Lackfilmen**
Von Horst Schene. ISBN 3-540-52226-3.
1990, 149 Seiten mit 106 Abbildungen. 78,– DM

145 **Planungsmethodik für ein Qualitätskostensystem**
Von Alfred Rauba. ISBN 3-540-52477-0.
1990, 166 Seiten mit 73 Abbildungen. 78,– DM

146 **Kleinserienbestückung von Leiterplatten mit bedrahteten Bauelementen durch Industrieroboter**
Von Martin Domm. ISBN 3-540-52867-9.
1990, 106 Seiten mit 48 Abbildungen. 78,– DM

147 **Sensor- und Steuerungssystem für die leitlinienlose Führung automatischer Flurförderzeuge**
Von Gerhard Drunk. ISBN 3-540-53033-9.
1990, 135 Seiten mit 52 Abbildungen. 78,– DM

148 **Ein System zur wissensbasierten Diagnose an CNC-Werkzeugmaschinen durch den Maschinenbediener**
Von Klaus-Peter Fähnrich. ISBN 3-540-53034-7.
1990, 132 Seiten mit 48 Abbildungen und 18 Tabellen. 78,– DM

149 **Werkstückbegleitender Informationsspeicher als Basis für ein informationstechnisches Konzept für Halbleiterfertigungen**
Von Klaus-Dieter Sauter. ISBN 3-540-53236-6.
1990, 115 Seiten mit 55 Abbildungen. 78,– DM

150 **Ein Planungsverfahren zur Erkennung und Bewältigung von Material- und Kapazitätsengpässen bei mehrstufiger Linienfertigung**
Von Ralf-Michael Fuchs. ISBN 3-540-53271-4.
1990, 176 Seiten mit 65 Abbildungen. 78,– DM

151 **Montage von Schrauben mit Industrierobotern**
Von Gernot E. Fischer. ISBN 3-540-53519-5.
1990, 97 Seiten mit 37 Abbildungen. 78,– DM

152 **Flächenorientierte Termin- und Kapazitätsplanung bei innerbetrieblicher Baustellenfertigung**
Von Rolf Schlauch. ISBN 3-540-53584-5.
1990, 130 Seiten mit 53 Abbildungen. 78,– DM

153 **Wissensbasierte Entscheidungsunterstützung bei der Auswahl von Industrierobotern**
Von Günter Jordan. ISBN 3-540-53744-9.
1991, 116 Seiten mit 49 Abbildungen. 78,– DM

154 **Simulationssystem für Fertigungsprozesse mit Stückgutcharakter**
Ein gegenstandsorientiertes System mit parametrisierter Netzwerkmodellierung
Von Bernd-Dietmar Becker. ISBN 3-540-53847-X.
1991, 162 Seiten mit 48 Abbildungen und 47 Tabellen. 78,– DM

155 **Algorithmen der Sprachverarbeitung zur Entwicklung eines vollsynthetischen Sprachausgabesystems**
Von Gerhard Rigoll. ISBN 3-540-53870-4.
1991, 321 Seiten mit.235 Abbildungen. 78,– DM

156 **Wissensbasierte CAD-Systemkomponente zum Entwurf montagegerechter Produkte**
Von Ralph Richter. ISBN 3-540-54725-8.
1991, 137 Seiten mit 56 Abbildungen. 78,– DM

157 **Heftschweißverfahren für das Lagefixieren von Werkstücken beim Schutzgasschweißen mit Industrierobotern**
Von Carsten Martin Claussen. ISBN 3-540-54951-X.
1991, 140 Seiten mit 43 Abbildungen. 78,– DM

158 **Ein Beitrag zur Meßdatenverarbeitung in der Koordinatenmeßtechnik**
Von Thomas Garbrecht. ISBN 3-540-55030-5.
1991, 135 Seiten mit 94 Abbildungen und 5 Tabellen. 78,– DM

159 **Ein Beitrag zur Planung und Optimierung der Verfahrensteilung in der Fertigung**
Von Hans-Peter Roth. ISBN 3-540-55113-1.
1992, 130 Seiten mit 50 Abbildungen. 78,– DM

160 **Flexible Montage von Leitungssätzen mit Industrierobotern**
Von Herbert H. Emmerich ISBN 3-540-55227-8.
1992, 135 Seiten mit 70 Abbildungen. 88,– DM

161 **Toleranzausgleichssysteme für Industrieroboter am Beispiel des feinwerktechnischen Bolzen-Loch-Problems**
Von Uwe Schweigert ISBN 3-540-55228-6.
1992, 119 Seiten mit 61 Abbildungen. 88,– DM

162 **Entwicklung eines interaktiven Simulators auf der Basis von Petri-Netzen zur Modellierung und Bewertung hybrider Montagestrukturen**
Von W. Schweizer ISBN 3-540-55229-4.
1992, 159 Seiten mit 76 Abbildungen. 88,– DM

163 **Entwicklung eines Verfahrens zur rechnerunterstützten Gestaltung verteilter Informationssysteme**
Von Friedemann Reim ISBN 3-540-55269-3.
1992, 151 Seiten mit 43 Abbildungen. 88,– DM

164 **EDV-gestützte Planungs- und Entscheidungshilfen zur Auslegung von Produktionsstrukturen mit strukturkostenoptimierten Dezentralen Verantwortungsbereichen**
Von Ulrich Hallwachs ISBN 3-540-55477-7.
1992, 186 Seiten mit 66 Abbildungen. 88,– DM

165 **Strömungstechnische Auslegung reinraumtauglicher Fertigungseinrichtungen**
Von Elmar Degenhart ISBN 3-540-55478-5.
1992, 137 Seiten mit 72 Abbildungen. 88,– DM

166 **Synthese und Simulation dreidimensionaler Hand-Arm-Bewegungen an manuellen Montagearbeitsplätzen**
Von Raimund Menges ISBN 3-540-55752-0.
1992, 215 Seiten mit 70 Abbildungen. 88,– DM

167 **Bewertung inhomogener fraktaler Strukturen und Skalenanalyse von Texturen**
Von Uwe Müssigmann ISBN 3-540-55796-2.
1992, 99 Seiten mit 43 Abbildungen. 88,– DM

168 **Ein Informationssystem für Instandhaltungsleitstellen**
Von Wilfried Sihn ISBN 3-540-55853-5.
1992, 167 Seiten mit 67 Abbildungen. 88,– DM

169 **Verfahren zum automatischen Palettieren von quaderförmigen Packstücken im beliebigen Sortenmix**
Von Walter Michael Strommer ISBN 3-540-55922-1.
1992, 105 Seiten mit 47 Abbildungen. 88,– DM

170 **Planung der Kinematik von Industrierobotersystemen zum Schutzgasschweißen im Schiffbau**
Von Wolfgang Utner ISBN 3-540-55923-X.
1992, 134 Seiten mit 31 Abbildungen und 3 Tabellen. 88,– DM

171 **Montage von Pressverbindungen mit Industrierobotern**
Von Günther Würtz ISBN 3-540-56300-8.
1992, 124 Seiten mit 55 Abbildungen. 88,– DM

172 **Rationalisierungspotential der montagegerechten Produktgestaltung bei der Montage mit Industrierobotern**
Von Thomas Schmaus ISBN 3-540-56400-4.
1992, 122 Seiten mit 55 Abbildungen. 88,– DM

173 **Erhöhung der Variantenflexibilität in Mehrmodell-Montagesystemen durch ein Verfahren zur Leistungsabstimmung**
Von Felix Fremerey ISBN 3-540-56549-3.
1993, 150 Seiten mit 38 Abbildungen und 6 Tabellen. 88,– DM

174 **Automatische Montage von O-Ringen**
Von Johannes F. Wößner ISBN 3-540-56657-0.
1993, 94 Seiten mit 43 Abbildungen. 88,– DM

175 **Systeme kombinierter multimodaler Mensch-Rechner-Interaktionen**
Von Karl-Heinz Hanne ISBN 3-540-56687-2.
1993, 131 Seiten mit 46 Abbildungen. 88,– DM

176 **Regelbasiertes Verfahren zur Montageablaufplanung in der Serienfertigung**
Von Klaus Thaler ISBN 3-540-56829-8.
1993, 132 Seiten mit 63 Abbildungen. 88,– DM

177 **Rechnergestütztes Bediensystem für einen Telemanipulator zur Sanierung von gemauerten Abwasserkanälen**
Von Kurt Alexander Schließmann ISBN 3-540-56875-1.
1993, 135 Seiten mit 57 Abbildungen und 7 Tabellen. 88,– DM

178 **Konturantastende und optoelektronische Koordinatenmeßgeräte für den industriellen Einsatz**
Von Wolfgang Rauh ISBN 3-540-56876-X.
1993, 124 Seiten mit 43 Abbildungen. 88,– DM

179 **Konzeption für ein Sensor- und Steuerungssystem zur automatischen Führung eines Walzenschrämladers entlang der Grenzlinie von Kohle und Nebengestein**
Von Stephan Matthias Forster ISBN 3-540-57159-0.
1993, 147 Seiten mit 63 Abbildungen. 88,– DM

180 **Ein dreidimensionales Bildverarbeitungssystem für die Automatisierung visueller Prüfvorgänge**
Von Jianzhong Lu ISBN 3-540-57160-4.
1993, 113 Seiten mit 45 Abbildungen und 2 Tabellen. 88,– DM

181 **Erschließung technischer und organisatorischer Potentiale durch die Komplettbearbeitung auf Drehmaschinen mit Hilfe der Teileanalyse**
Von Helmut Schaal ISBN 3-540-57212-0.
1993, 126 Seiten mit 42 Abbildungen und 2 Tabellen. 88,– DM

182 **Prüfverfahren zur Untersuchung der Partikelreinheit technischer Oberflächen**
Von Bernhard Klumpp ISBN 3-540-57302-X.
1993, 108 Seiten mit 50 Abbildungen. 88,– DM

183 **Automatisierung der Justage von Drehankerrelais**
Von G. Krüll ISBN 3-540-57303-8.
1993, 113 Seiten mit 59 Abbildungen. 88,– DM

184 **Prozeßstrukturen der chemischen Vernickelung**
Von Hans Gut ISBN 3-540-57304-6.
1993, 108 Seiten mit 37 Abbildungen und 5 Tabellen. 88,– DM

185 **Ein Verfahren zur Konstruktion anwendungoptimierter Ultraschallsensoren auf der Basis von Schallkanälen**
Von Achim Langen ISBN 3-540-57376-3.
1993, 140 Seiten mit 72 Abbildungen. 88,– DM

186 **Ein rechnerunterstütztes System für die technische Dokumentation und Übersetzung**
Von Renate Mayer ISBN 3-540-57409-3.
1993, 126 Seiten mit 59 Abbildungen. 88,– DM

187 **Theoretische und experimentelle Untersuchungen an dreidimensionalen Wirbelströmungen für industrielle Absauganlagen**
Von Wolf-Jürgen Denner ISBN 3-540-57410-7.
1993, 141 Seiten mit 78 Abbildungen und 10 Tabellen. 88,– DM

188 **Planungsmethodik für den Aufbau von Qualitätssicherungssystemen in kleinen und mittleren Produktionsunternehmen**
Von Rainer Hummel ISBN 3-540-57727-0.
1993, 221 Seiten mit 114 Abbildungen und 6 Tabellen. 88,– DM

189 **Plasmamodifikation von Kunststoffoberflächen zur Haftfestigkeitssteigerung von Metallschichten**
Von Dieter Andreas Mann ISBN 3-540-57745-9.
1994, 133 Seiten mit 83 Abbildungen und 6 Tabellen. 88,– DM

190 **Softwareentwicklung für speicherprogrammierbare Steuerungen im integrierten, rechnergestützten Konstruktionsprozeß**
Von Kornelius Hengel ISBN 3-540-57765-3.
1994, 133 Seiten mit 48 Abbildungen. 88,– DM

191 **Vorrichtungssysteme für die flexibel automatisierte Montage**
Von Armin Willy ISBN 3-540-57784-X.
1994, 121 Seiten mit 60 Abbildungen. 88,– DM

192 **Wissensbasiertes Selbstheilungs- und Diagnosesystem für CNC-Koordinatenmeßgeräte**
Von Wilhelm Steger ISBN 3-540-57829-3.
1994, 147 Seiten mit 79 Abbildungen. 88,– DM

193 **Modell für ein rechnerunterstütztes Qualitätssicherungssystem gemäß DIN ISO 9000 ff.**
Von Ulrich Lübbe ISBN 3-540-57831-5.
1994, 152 Seiten mit 59 Abbildungen. 88,– DM

194 **Vorgehenssystematik zum Prototyping graphisch-interaktiver Audio/Video-Schnittstellen**
Von Claus Görner ISBN 3-540-57886-2.
1994, 181 Seiten mit 66 Abbildungen. 88,– DM

195 **Bewertung von Rechnerinvestitionen durch den Vergleich von Wertschöpfungsketten**
Von Christian F. Mayer ISBN 3-540-57969-9.
1994, 144 Seiten mit 45 Abbildungen und 24 Tabellen. 88,– DM

196 **Ein Verfahren zur kostenorientierten Produktionsprogramm- und Kapazitätsplanung bei losweiser Montage**
Von J. Kurz ISBN 3-540-57971-0.
1994, 124 Seiten mit 26 Abbildungen und 3 Tabellen. 88,– DM

197 **Direktmontage von Leitungen mit Industrierobotern**
Von Stefan Koller ISBN 3-540-58224-X.
1994, 105 Seiten mit 52 Abbildungen. 88,– DM

198 **Eine objektorientierte Architektur für Leitstände zur Feinplanung**
Von Thomas Otterbein ISBN 3-540-58273-8.
1994, 183 Seiten mit 90 Abbildungen. 88,– DM

199 **Erhöhung der Fertigungssicherheit und -qualität beim Hochdruckwasserstrahlen durch den Einsatz von Sensoren**
Von Michael Knaupp ISBN 3-540-58440-4.
1994, 117 Seiten mit 101 Abbildungen. 88,– DM

200 **Verfahren zur Bewertung von Auftrags-Durchlaufzeiten in den indirekt-produktiven Bereichen von Maschinenbau-Unternehmen**
Von Robert Müller ISBN 3-540-58478-1.
1994, 152 Seiten mit 32 Abbildungen. 88,– DM

201 **Verfahrensprüfstand für das Bearbeiten mit Industrierobotern**
Von Peter Schlaich ISBN 3-540-58510-9.
1994, 114 Seiten mit 60 Abbildungen. 88,– DM

202 **Entwicklung und Optimierung von Prozeßkomponenten zur ionenunterstützten Abscheidung bei PVD-Verfahren**
Von Walter Olbrich ISBN 3-540-58511-7.
1994, 126 Seiten mit 62 Abbildungen und 7 Tabellen. 88,– DM

203 **Verfahren der Konturanalyse zur Automatisierung visueller Prüfvorgänge**
Von Knut Kille ISBN 3-540-58513-3.
1994, 105 Seiten mit 50 Abbildungen und 15 Tabellen. 88,– DM

204 **Verfahren zur Verbesserung der Ausfallsicherheit verteilter Informationssysteme**
Von Helmut Meitner ISBN 3-540-58623-7.
1995, 196 Seiten mit 54 Abbildungen und 13 Tabellen. 88,– DM

205 **Ein unscharfes Planungsverfahren zur mittelfristigen Personalkapazitätsanpassung für die bedarfsorientierte Serienproduktion**
Von Hans-Jürgen Braun ISBN 3-540-58819-1.
1995, 164 Seiten mit 40 Abbildungen und 10 Tabellen. 88,– DM

206 **Rechnergestützte Auslegungsverfahren für Großmanipulatoren mit Gelenkarmkinematik**
Von Werner Engeln ISBN 3-540-58871-X.
1995, 135 Seiten mit 52 Abbildungen und 18 Tabellen. 88,– DM

207 **Montagestrukturplanung für variantenreiche Serienprodukte**
Von Ulrich Zeile ISBN 3-540-58937-6.
1995, 122 Seiten mit 65 Abbildungen. 88,– DM

208 **Entwicklung eines objektorientierten Informationssystems zur optimierten Werkstoffauswahl**
Von Dietmar R. Fischer ISBN 3-540-58938-4.
1995, 193 Seiten mit 37 Abbildungen und 14 Tabellen. 88,– DM

209 **Entwicklung einer flexibel automatisierten Nähanlage**
Von Oliver Krockenberger ISBN 3-540-58939-2.
1995, 122 Seiten mit 75 Abbildungen. 88,– DM

210 **Ultraschallbahnschweißen von Kunststoffteilen mit Industrierobotern**
Von Thomas Wagner ISBN 3-540-58940-6.
1995, 93 Seiten mit 37 Abbildungen. 88,– DM

211 **Flexibel automatisierte Montage hochpoliger Rundkabel**
Von Ralf Cramer ISBN 3-540-58979-1.
1995, 116 Seiten mit 59 Abbildungen. 88,– DM

212 **Automatische Reparatur elektronischer Baugruppen**
Von Thomas Leicht ISBN 3-540-59015-3.
1995, 99 Seiten mit 46 Abbildungen. 88,– DM

213 **Montage von Schlauchschellen mit Industrierobotern**
Von Herbert Dreher ISBN 3-540-59035-8.
1995, 103 Seiten mit 63 Abbildungen. 88,– DM

214 **Arbeitsprogrammgenerierung zum Schutzgasschweißen mit Industrierobotersystemen im Schiffbau**
Von Peter Schmid ISBN 3-540-59058-7.
1995, 131 Seiten mit 42 Abbildungen. 88,– DM

215 **Flexible Demontage mit dem Industrieroboter am Beispiel von Fernsprech-Endgeräten**
Von Martin Kahmeyer ISBN 3-540-59390-X.
1995, 99 Seiten mit 52 Abbildungen. 88,– DM

216 **Der logisch-pragmatische Gebrauch von Konditionalsätzen. Eine dialog-logische Analyse**
Von Antonius Jacobus Maria van Hoof ISBN 3-540-59463-9.
1995, 146 Seiten mit 65 Abbildungen. 88,– DM

217 **Arbeits- und organisationspsychologische Interventionen bei der Einführung von Gruppenarbeit in dezentral ausgerichteten Fertigungsinseln**
Von Manfred Schlund ISBN 3-540-60012-4.
1995, 426 Seiten mit 24 Abbildungen und 29 Tabellen. 88,– DM

218 **Herstellung geformter Schläuche mit Formdornen aus Formgedächtnislegierung**
Von Thomas Weisener ISBN 3-540-60019-1.
1995, 88 Seiten mit 48 Abbildungen. 88,– DM

219 **Benutzerwerkzeuge an Fertigungssteuerungs-Leitständen**
Von Manfred Kroneberg ISBN 3-540-60096-5.
1995, 154 Seiten mit 84 Abbildungen. 88,– DM

220 **Werkstattsteuerung mit genetischen Algorithmen und simulativer Bewertung**
Von Jörg Schulte ISBN 3-540-60281-X.
1995, 163 Seiten mit 55 Abbildungen und 7 Tabellen. 88,– DM

221 **Ein Verfahren zur automatischen Generierung von softwareergonomisch gestalteten Benutzungsoberflächen**
Von Anette Weisbecker ISBN 3-540-60242-9.
1995, 140 Seiten mit 38 Abbildungen und 48 Tabellen. 88,– DM

222 **Verfahren zur Reduzierung der Hand-Arm-Schwingungsbelastung an Trennschleifern**
Von Rainer Eckert ISBN 3-540-60282-8.
1995, 187 Seiten mit 80 Abbildungen und 23 Tabellen. 88,– DM

223 **Individualisierbare heuristische Einplanung für rechnerbasierte Leitstände**
Von Andreas Huthmann ISBN 3-540-60424-3.
1995, 137 Seiten mit 74 Abbildungen. 88,– DM

224 **Recycling von Wasserlackoverspray durch Elektrophorese**
Von Klaus Berewinkel ISBN 3-540-60519-3.
1996, 177 Seiten mit 75 Abbildungen. 88,– DM

225 **Wissensbasierte Programmierung von Industrierobotern zum Schutzgasschweißen im Stahlhochbau**
Von Christoph Hartfuss ISBN 3-540-60661-0.
1996, 123 Seiten mit 48 Abbildungen. 88,– DM

226 **Verfahren zur Gestaltung rechnergestützter Büroprozesse**
Von Michael Rathgeb ISBN 3-540-60660-2.
1996, 278 Seiten mit 69 Abbildungen. 88,– DM

227 **Dialogentwicklung für objektorientierte, graphische Benutzungsschnittstellen**
Von Christian Janssen ISBN 3-540-60719-6.
1996, 154 Seiten mit 70 Abbildungen und 4 Tabellen. 88,– DM

228 **Bewertung und Verbesserung der fertigungsgerechten Gestaltung von Blechwerkstücken**
Von Ulrich Abele ISBN 3-540-61019-7.
1996, 184 Seiten mit 72 Abbildungen. 88,– DM

229 **Merkmalsbasierte Definition von Freiformgeometrien auf der Basis räumlicher Punktwolken**
Von Sabine Roth-Koch ISBN 3-540-61020-0.
1996, 145 Seiten mit 68 Abbildungen. 88,– DM

230 **Fokussierung im Dialog: Aspekte der Fokusintonation im Deutschen**
Von Joachim Machate ISBN 3-540-61165-7.
1996, 155 Seiten mit 22 Abbildungen und 22 Tabellen. 88,– DM

231 **Qualitätsgerechte Auslegung flexibler Produktionssysteme mit Hilfe von Simulation**
Von Egbert Englert ISBN 3-540-61277-7.
1996, 126 Seiten mit 60 Abbildungen. 88,– DM

232 **Projektierungsverfahren für technische Software dargestellt an wissensbasierten Systemen**
Von Eberhard Kurz ISBN 3-540-61426-5.
1996, 129 Seiten mit 57 Abbildungen. 88,– DM

233 **Typologie zur systematischen Gestaltung der Arbeitsorganisation für Flexible Fertigungssysteme**
Von Sabine Stephan ISBN 3-540-61465-6.
1996, 186 Seiten mit 39 Abbildungen und 63 Tabellen. 88,– DM

234 **Entwicklung eines Werkzeuges zum Störungsmanagement in der Produktionsregelung**
Von Rainer Bamberger ISBN 3-540-61515-6.
1996, 157 Seiten mit 92 Abbildungen. 88,– DM

235 **Ein Verfahren zur automatischen Generierung von Steuerprogrammen für Roboterfahrzeuge**
Von Joachim Müllerschön ISBN 3-540-61514-8.
1996, 140 Seiten mit 79 Abbildungen. 88,– DM

236 **Automatische Kalibrierung der koppelnden Ortung mobiler Plattformen**
Von Achim Merklinger ISBN 3-540-61632-2.
1996, 106 Seiten mit 36 Abbildungen und 25 Tabellen. 88,– DM

237 **Händigkeitsgerechte Gestaltung der Mensch-Maschine-Schnittstelle**
Von Martin Schmauder ISBN 3-540-61657-8.
1996, 141 Seiten mit 44 Abbildungen und 9 Tabellen. 88,– DM

238 **Ein simulationsgestütztes Verfahren zur Wirtschaftlichkeitsbestimmung von Fertigungsprozessen mit Stückgutcharakter**
Von Erhard Vollmer ISBN 3-540-62408-2
1996, 111 Seiten mit 10 Abbildungen und 22 Tabellen. 88,– DM

239 **Ein Verfahren zur reportbasierten Diagnose von technischen Maschinenstörungen in der Instandhaltung**
Von Walter Wincheringer ISBN 3-540-62410-4.
1996, 169 Seiten mit 61 Abbildungen. 88,– DM

240 **Eine Vorgehensweise zum objektorientierten Entwurf graphisch-interaktiver Informationssysteme**
Von Jürgen Ziegler ISBN 3-540-62547-X.
1997, 146 Seiten mit 36 Abbildungen und 20 Tabellen. 88,– DM

241 **Zur Fehlerkompensation und Bahnkorrektur für eine mobile Großmanipulator-Anwendung**
Von Klaus Dieter Rupp ISBN 3-540-62625-5.
1997, 140 Seiten mit 48 Abbildungen und 17 Tabellen. 88,– DM

242 **Entwicklung eines QFD-gestützten Verfahrens zur Produktplanung und -entwicklung für kleine und mittlere Unternehmen**
Von Jürgen Hoffmann ISBN 3-540-62638-7.
1997, 158 Seiten mit 89 Abbildungen. 88,– DM

243 **Ein Verfahren zur flexiblen Fertigungsführung eines Fertigungssystems für Kleinserien mit unterschiedlich autonomen Arbeitsstationen**
Von Rainer Kämpf ISBN 3-540-62653-0.
1997, 174 Seiten mit 68 Abbildungen. 88,– DM

244 **Flexibel automatisiertes Taumelnieten**
Von Wolf-Dietrich Schneider ISBN 3-540-62654-9.
1997, 88 Seiten mit 43 Abbildungen. 88,– DM

Die Bände sind im Erscheinungsjahr und in den folgenden drei Kalenderjahren zu beziehen durch den örtlichen Buchhandel oder durch Lange & Springer, Otto-Suhr-Allee 25–28, 10585 Berlin.

GPSR Compliance

The European Union's (EU) General Product Safety Regulation (GPSR) is a set of rules that requires consumer products to be safe and our obligations to ensure this.

If you have any concerns about our products, you can contact us on ProductSafety@springernature.com

In case Publisher is established outside the EU, the EU authorized representative is:

Springer Nature Customer Service Center GmbH
Europaplatz 3
69115 Heidelberg, Germany

Batch number: 10682427

Printed by Printforce, the Netherlands